減脂增肌
輕沙拉
吃了就會一直瘦！
料理研究專家 薩巴蒂娜◎著
Salad!

多吃幾口也很 OK ！

最近沉迷健身，在健身房揮汗如雨兩個小時，走出室外，溫暖的風吹著濕潤的臉頰，在因運動而產生的多巴胺作用下，有一種「天地我有」的感覺。

我並不想太過限制飲食，健身是為了能更好好地吃，可以吃得身心都滿足，還可以保持健康，那是世界上最幸福的事。但飲食結構還是必須適度調整，不然辛苦健身豈不是白費了？

可是我又很忙碌，每天工作奔波，多希望回到家裡可以簡單烹飪就能吃到可口的料理，滿足我對健康和胃口的需求。於是，主食沙拉就這麼誕生了。

爽滑可口的義麵沙拉，撒上大把大把的芝麻菜，太合我的胃口了。吃完肚子很飽，又沒有那種因為吃太多碳水化合物和肉類而產生的「罪惡感」。

可以用來做主食沙拉的食材太多了！比如說——

小馬鈴薯！剛上市的時候，誰能拒絕嫩到表皮一搓就掉、有著大自然氣息的小馬鈴薯呢？做成馬鈴薯沙拉，一口一個，絕對享受！

還有發芽的藜麥，那是上帝恩賜的健康食材，混合一些堅果，做成熱沙拉，多吃幾口也不要緊。

不能忘了烤南瓜。我喜歡那種綠皮的小南瓜，切塊用烤箱烤到表面略焦，放進沙拉裡，啊，真是又香又甜！

全麥麵包切小塊，同樣用烤箱烤到香脆，可以做成各種吐司沙拉，試過就知道，好吃到讓人上天堂。

還有香甜的玉米粒、綜合堅果、香蕉、鳳梨、紫薯……寫著寫著，都開始流口水了。

主食沙拉可以當一天三餐，甚至略加變化，做成三明治或沙拉卷，當作外出旅遊的便利食物。

記得我說的：多吃幾口也很 OK 哦！

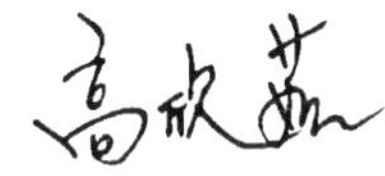

1 小匙固體調味料 ＝ 5 克
1/2 小匙固體調味料 ＝ 2.5 克
1 大匙固體調味料 ＝ 15 克
1 小匙液體調味料 ＝ 5 毫升
1/2 小匙液體調味料＝ 2.5 毫升
1 大匙液體調味料 ＝ 15 毫升

第二章
繽紛搭配的
主食沙拉

常用單位對照表

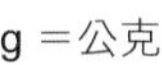

g =公克

mg =毫克

ml =毫升

cm =公分

食譜圖例說明

烹飪這道料理總共所需要花費的時間。

製作的難易程度。

常用食材

基礎類

吐司

超市或麵包店販售的切片吐司，有原味和全麥等品種，購買時請選擇沒有過多糖分添加的（例如椰蓉、核桃等口味）產品。

法棍

大型超市或歐式麵包店均有銷售，形狀長短粗細不一，味道大同小異，根據食譜或自己的喜好來選擇。剛剛出爐的法棍外酥內軟，口感最佳。

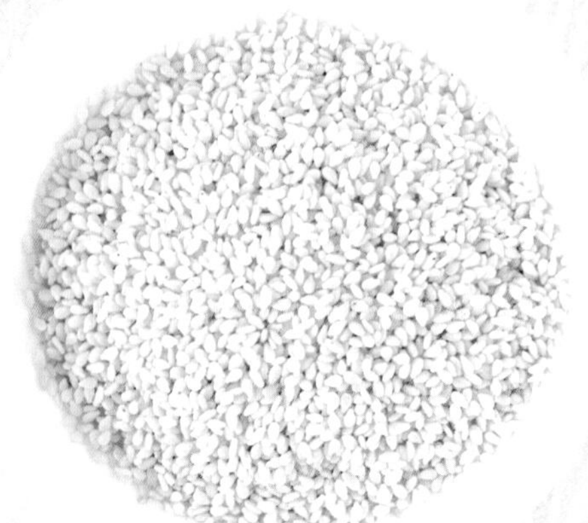

南瓜

原產於墨西哥，明朝時傳入大陸，富含南瓜多醣、類胡蘿蔔素、果膠、礦物質、胺基酸等多種營養成分。

糙米

稻穀僅去除外層硬殼而保留內部皮層的子粒即為糙米，富含膳食纖維、維生素與礦物質，深受瘦身族群的喜愛。

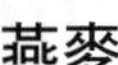

燕麥

低糖、高營養、飽足感強，食用後不會像小麥製品一樣讓人血糖迅速升高，而是平穩地在人體內轉化、釋放熱量，因此是高血糖族群的極佳主食。

義大利麵

長形、蝴蝶形、寬形等形狀各異的義大利麵，主要以杜蘭小麥製作，富含蛋白質，耐煮，口感彈牙。

玉米

營養全面，富含蛋白質、維生素、鈣、磷、鐵、鎂等營養成分，玉米中的膳食纖維還可降低人體腸道內致癌物質的濃度，減少結腸癌和直腸癌的發病率；玉米中的木質素可使人體內巨噬細胞的活力大大提高，抑制癌症的發生。

藜麥

原產於南美洲，20世紀80年代被美國太空總署用於太空食品，聯合國糧農組織認為藜麥是全球唯一單體植物即可滿足人體基本營養需求的物種。近幾年開始走入亞洲市場。

饅頭

華人傳統麵食，北方人較常食用。有白饅頭、全麥饅頭、黑麵饅頭等可以選擇。

紫薯

除了具有一般地瓜的營養成分之外，還富含硒元素、花青素和鐵質。日本國家蔬菜癌症研究中心公布的抗癌蔬菜名單中，紫薯位列第一。

蘿蔓萵苣（葉生菜）

葉面寬闊平整，整片鋪盤具有很好的裝飾效果，撕成小塊或夾在三明治中也是很好的選擇。

西生菜（結球萵苣）

西生菜葉形緊實，病蟲害較蘿蔓萵苣少，保存期限長，葉質含水量多，也更加清脆爽口。

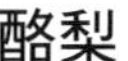

酪梨

酪梨又名「牛油果」，由於營養價值豐富，被譽為「森林奶油」，成熟的酪梨口感上也與奶油近似。漂亮的顏色和特別的口感，用於沙拉中格外增色。外皮呈墨綠色、手捏略軟的成熟酪梨才可食用。

芝麻菜

源自義大利的品種，和國內的芝麻菜有著完全不一樣的味道，它的英文名為rocket，又稱火箭菜，吃起來有濃郁的芝麻香味，在大型進口超市的蔬果區可買到。

菊苣（苦苣）

清熱解毒的菊苣，口感清爽，購買方便，價格親民，其本身就是做沙拉的重要食材，買不到義大利芝麻菜時，它也是最佳的替代品。

高麗菜

又稱「圓白菜」、「包心菜」，餐桌上常見的它可是位列世界衛生組織推薦的健康食物第三名。購買時應挑選葉片包裹緊致，外皮呈淡綠色，水分多且葉片柔嫩者為佳。

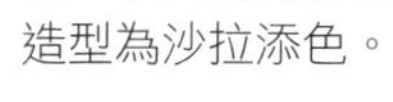

聖女番茄

迷你的聖女番茄使用起來非常方便，甚至可以整顆丟進沙拉裡，也可以切開擺盤做成各種造型為沙拉添色。

馬鈴薯

作為世界第四大糧食作物的馬鈴薯，除了有很強的飽足感，還富含蛋白質和碳水化合物，有馬鈴薯參與的沙拉幾乎可以單獨做為一餐。

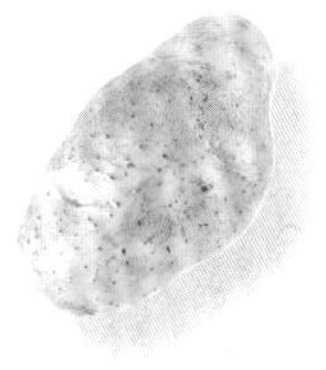

黃瓜

一年四季都能方便購買的蔬菜，分為刺黃瓜和水果黃瓜兩種，前者香氣更濃，後者水分含量高。

洋葱

市售常見的品種有紫皮洋葱和黃皮洋葱。除了顏色的區別，紫皮洋葱味道會更加濃郁一些。同時，洋葱也是非常好的保健食材。

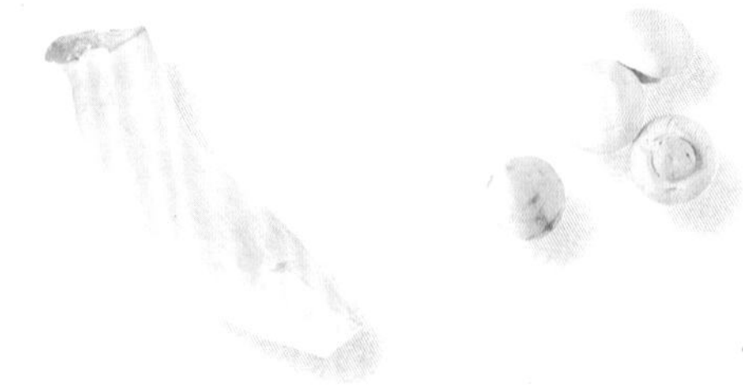

秋葵

脆嫩多汁，潤滑不膩，清香而營養豐富，可增強人體免疫力，保護胃黏膜，益腎健脾。

杏鮑菇

原產於歐洲地中海區域，菇肉鮮肥，購買便利，烹飪方便，可以降低膽固醇、降血脂。

蘑菇

主產於台灣彰化縣。株型小巧可愛，購買時應選取色澤潔白、水分飽滿的蘑菇。

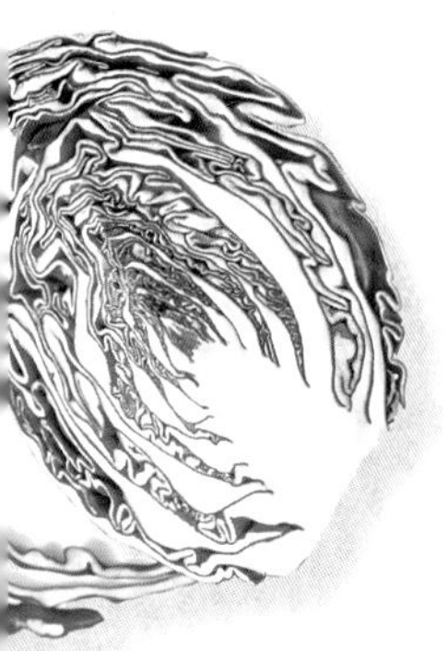

紫甘藍

富含多種維生素，對高血壓、糖尿病患者有非常好的保健作用。同時顏色也很特別，切成細絲拌入沙拉中格外漂亮。

蘆筍

富含硒元素，並且含有豐富的膳食纖維和多種維生素、胺基酸，具有很好的抗癌功效。

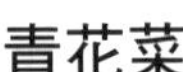

牛番茄

富含維生素的番茄口感酸甜，顏色鮮亮，拌在綠色葉菜為主的沙拉裡可以豐富色彩，也能使沙拉的口味更具層次。

青花菜

原產於地中海沿岸，被譽為「蔬菜皇冠」，營養成分為同類蔬菜之首。購買時應選取株型緊湊，顏色碧綠略帶白霧的植株。

菠菜

產於秋冬寒冷季節的菠菜富含鐵質，被譽為「營養模範生」，富含多種維生素、礦物質、輔酶Q10等營養元素。

胡蘿蔔

素有小人參之稱，含豐富的胡蘿蔔素、花青素、維生素、礦物質，可降低膽固醇，預防心臟疾病和腫瘤。

西洋芹

保健效果非常好的蔬菜，含有豐富的膳食纖維，有益腸道健康，熱量極低，是沙拉中廣受歡迎的食材之一。

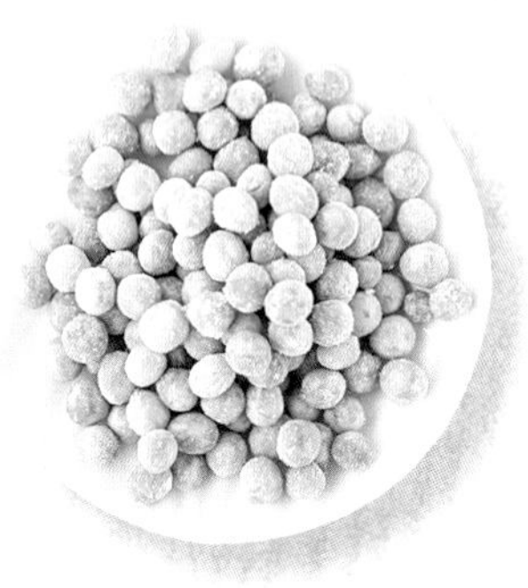

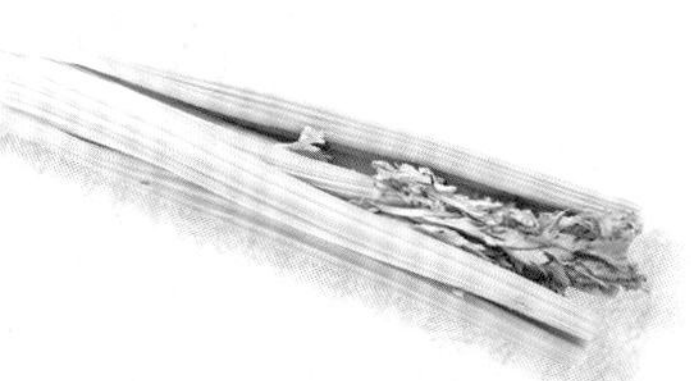

荷蘭豆

雖然叫做荷蘭豆，最早的產區卻是泰緬邊境地帶。口感脆嫩，顏色碧綠，是製作沙拉的上好食材。

青豆

在中國已有五千年栽培史，富含不飽和脂肪酸和大豆卵磷脂、皂角苷、膳食纖維等，對心腦血管保健和抑制癌症均有食療功效。

蓮藕

原產於印度，很早便傳入中國。能消食止瀉，開胃清熱。口感脆嫩清爽，熱量低。雖然沙拉是西方菜色，但加入蓮藕後則中西合璧，令沙拉更富創意。

菜豆（長豇豆）

夏秋季節常見，健胃補氣，口感脆嫩，不同於四季豆，菜豆生食並無毒素，因此可以放心用於沙拉製作。

大蝦

河蝦、明蝦都是不錯的選擇，如果不喜歡處理蝦殼，也可以直接購買冷凍蝦仁來代替。

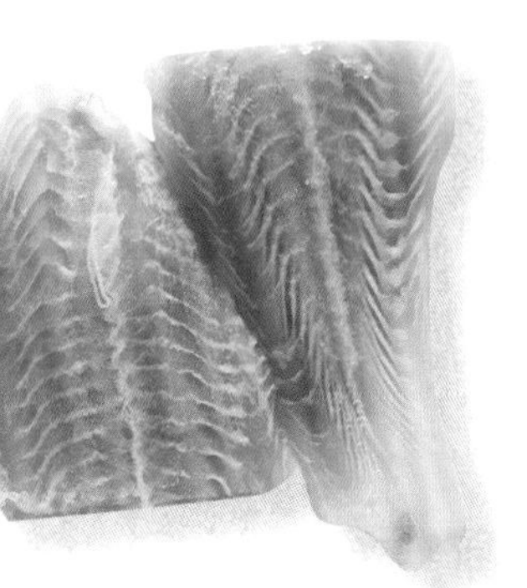

北寄貝

呈漂亮紅色的北寄貝是在捕撈後45分鐘內於船上加工燙熟並冷凍製成，脂肪低，味道鮮美，營養豐富。

比目魚

比目魚肉質鮮美無刺，方便處理，蛋白質含量高，營養豐富，而熱量極低。

蟹肉棒

魚肉泥經過調味，模擬阿拉斯加雪蟹腿肉製作的魚糕。購買時請盡量選購澱粉含量較低的產品，味道更佳，熱量也會更低。

鮭魚

富含DHA，營養豐富，熱量低。購買時以新鮮的中段部位為佳。

扇貝

製作沙拉時，通常選用新鮮或冷凍扇貝，而不是干貝。

培根

西式肉製品三大主要品種之一，略帶煙燻風味，是將豬肉經過煙燻加工而成。市售培根都已切好薄片，取用方便。

雞胸

高蛋白、低熱量，價格低廉，烹飪方便，是沙拉愛好者首推的肉類食材。

雞翅

以雞翅中段為最佳部位，皮質細嫩，肉質鮮美，熱量比雞胸肉要高，但是味道也香濃很多。

鮪魚罐頭

富含Omega-3脂肪酸，熱量低，肉質細膩。市售鮪魚罐頭分為水煮和油漬兩種，建議購買前者，不油膩且降低熱量攝取。

牛肉

牛肉中的肌胺酸比其他任何食品都要高，對增長肌肉、增強力量非常有效。並且富含維生素B_6、肉毒鹼、亞油酸、蛋白質和鉀、鋅、鎂、鐵等營養元素，是增肌最佳食物。

肉鬆

分為牛肉鬆、豬肉鬆、魚肉鬆等。無論哪種，請購買大品牌的肉鬆，才有品質保證。

雞蛋

價格低廉又百搭的沙拉食材，富含蛋白質，飽足感強，營養豐富，無論哪種沙拉都可以邀它參與演出。

鵪鶉蛋

富含蛋白質和多種營養物質，對心肺疾病和神經衰弱有食療效果，還具有美膚養顏的功效。

火龍果

富含植物蛋白質、花青素、水溶性膳食纖維等，性涼，多吃也不上火。

奇異果

口感酸甜，購買時應選擇果實飽滿者，捏起來略微軟化即為成熟。尚未成熟的果實可以和蘋果一同放置，兩三天即可熟透。

柳橙

以臍橙為佳，富含維生素C和胡蘿蔔素，可促進血液循環、軟化保護血管、預防膽囊疾病。

香蕉

富含鉀元素，對通便潤腸有奇效。如果一次購買一大串香蕉，可用保鮮膜包住香蕉蒂頭，即能延長存放時間。

雪梨

涼性水果，潤肺清燥，止咳化痰，養血生肌，但是脾胃虛弱者不宜多食。

蘋果

熱量低，口感佳，飽足感強。其中的營養成分非常容易被人體吸收，有「植物活水」之稱。

草莓

被譽為「水果皇后」，因為食用期僅春天一季，所以顯得格外珍貴。其富含維生素C，含量是蘋果、葡萄的7～10倍。

楊桃

亞熱帶水果，切面呈現漂亮的五角星狀。可促進消化，但性較寒涼，脾胃虛弱體寒者少吃。

藍莓

原產於北美地區，富含花青素，可以抗癌、保護視力、軟化血管、增強人體免疫力。藍莓的成熟季節也很短，可以在盛產時多購買一些，冷凍於冰箱內，食用時再拿出解凍即可。

核桃

有「長壽果」的美譽，富含不飽和脂肪酸、維生素和多種礦物質以及粗蛋白，可益腎定喘，潤腸通便。

大杏仁（巴旦木）

原產美國，又稱扁桃仁、杏仁果，杏仁皮含有類黃酮，具有抗氧化作用，能保護人體細胞，延緩衰老。杏仁肉中含有的膳食纖維能顯著降低膽固醇，有益心血管健康。

夏威夷果

原產澳洲，被譽為「堅果之王」。有著含量極高的單元不飽和脂肪酸，具有雙向調節人體膽固醇的作用。經常食用對心臟益處多多，還能降低血壓。

腰果

原產於美洲，富含蛋白質，並含有日常穀物中未包含的胺基酸種類，口感非常香濃，是世界四大堅果之一。

去皮白芝麻

經過複雜製程去除芝麻種皮角質層的白色芝麻粒，口感香脆細滑。其中含有的亞油酸可調節膽固醇，維生素E可養顏潤膚。

海苔

經過調味的紫菜，攤薄烤熟，就是市售的海苔（也叫烤紫菜）。濃縮了紫菜當中的維生素B群，含有豐富的礦物質，具有抗癌、抗衰老的功效。

花生仁

富含蛋白質、維生素及礦物質，含有8種人體必需的胺基酸和不飽和脂肪酸，以及卵磷脂、膳食纖維等。可以促進腦細胞發育，增強記憶力。

新鮮薄荷

各大花市均可購買到盆栽。口感清涼，可以緩解感冒症狀，敗火清心。喜水易活，可以栽種一盆在廚房窗臺處。食用時剪取頂端嫩葉即可。

羅勒

品種豐富，西式料理中常見甜羅勒、大葉羅勒、紫羅勒等品種，九層塔也是羅勒的一種，但味道不盡相同，為廣泛應用的新鮮香料。習性同薄荷相似，花市也可購買到盆栽。

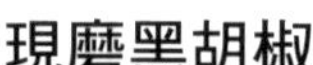

現磨黑胡椒

大顆粒的胡椒裝在瓶中，瓶口帶研磨裝置，現用現磨，能保留更多胡椒香氣。

法式綜合香草

是百里香、迷迭香、羅勒、香薄荷、龍蒿葉、薰衣草花混合製成的乾燥香料。香氣濃郁，以此製作出的菜餚極具地中海風味。如果買不到法國產的成品，義大利產的混合香料也可以。

迷迭香

原產歐洲地中海沿岸，香味獨特。如果當地花市有售，可以買成株，邊種邊用，如果購買不到，可以買乾燥的迷迭香來代替。

喜馬拉雅玫瑰鹽

取自喜馬拉雅冰川的上古食用鹽，極為純淨，顏色呈漂亮的淡粉色，鹹味不如海鹽濃烈。

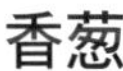

香蔥

原產於德國，四季可見。不同於青蔥，香蔥是以食用蔥綠部分為主，購買時選取根莖細而飽滿的品種為佳。

常用工具

工具類

檸檬榨汁器

榨汁器比雙手更能輕鬆地榨出檸檬汁，還能過濾果肉和籽，同樣也可以拿來榨柳橙汁、西柚汁等。

沙拉攪拌組

一般是一勺一叉的組合，可輕易將沙拉食材和醬料攪拌均勻，且不會損傷各種柔嫩的蔬菜。

蒜泥壓榨器

與傳統的大蒜研磨器相比，使用更為便利，剝好的蒜瓣只要輕輕一壓就能變成細膩的蒜泥，但是使用時一定要確保蒜瓣非常新鮮飽滿。

切蛋器

有了它就可以輕鬆地將煮熟的雞蛋瞬間切成均勻漂亮的薄片，並且保持蛋黃的完整。

沙拉碗

半圓形深厚的沙拉碗是攪拌沙拉的必備工具，相較於平底盆，幾乎沒有攪拌死角，更有利於沙拉材料與醬汁的混合。

切碎機

堅果、洋蔥、蔬菜……只要交給它，就輕鬆變身均勻的小顆粒，省時省力。

烘焙料理紙

具有不沾黏效果，有一定硬度，可直接與食品接觸，是製作紙盒三明治必備的材料，也可以包裹法棍類麵包製作的特殊尺寸三明治。使用時注意須用光滑無印花的一面接觸食物。

保鮮膜

以保鮮膜包裹三明治，衛生又方便。在製作超厚三明治時，保鮮膜是用來固定三明治的最佳幫手。

保鮮袋

小型的保鮮袋用來裝三明治再合適不過，購買時請選用加厚的材質，以防保鮮袋被食材刺穿。

三明治專用袋

專用的三明治密封袋，以食品級PP（聚丙烯，5號塑膠）製作，有便利密封夾鏈，選購時注意尺寸，小型袋使用最普遍。個別三明治需要使用大型。

自製常用沙拉醬

經典美乃滋

風味特點
濃滑／香醇細膩／百搭

經典美乃滋的由來：中世紀的法國大廚們，首創以蛋黃和油脂經過激烈攪打後形成的奶油狀醬汁，用來搭配各種沙拉和菜餚，他們稱之為「mayonnaise」，這便是美乃滋一詞的由來。由於配方中的蛋黃是關鍵食材和乳化劑，傳入亞洲後，它又被稱為「蛋黃醬」，是最基本和經典的沙拉醬汁。

材料

蛋黃 **2** 個／玉米胚芽油 **250**ml／白醋 **3** 大匙／第戎芥末醬 **1** 大匙／白胡椒粉 **5**g／鹽 **5**g

做法

1. 將蛋黃倒入沙拉碗中，加入第戎芥末醬和鹽、白胡椒粉，用打蛋器攪拌均勻。
2. 加入 1 匙玉米胚芽油，攪打至油蛋完全融合後再攪拌 10 秒。
3. 繼續加入下 1 匙玉米胚芽油，重複以上步驟。
4. 大約加入 70ml 玉米胚芽油後，沙拉醬開始變得濃稠，此時加入 1 匙白醋攪勻，使沙拉醬略微稀釋。
5. 繼續重複玉米胚芽油的添加和攪打，此時一次可放 2 匙左右。
6. 加至 150ml 玉米胚芽油後，第二次加入白醋 1 匙。
7. 繼續添加玉米胚芽油，此時可一次加入 3 匙左右的量。
8. 至全部玉米胚芽油添加完畢後，加入最後 1 匙白醋攪打均勻即可。

適用範圍

作為沙拉醬之王的經典美乃滋，幾乎可適用於任何種類的沙拉，無論是蔬果還是肉、蛋，全都搭配得相得益彰。

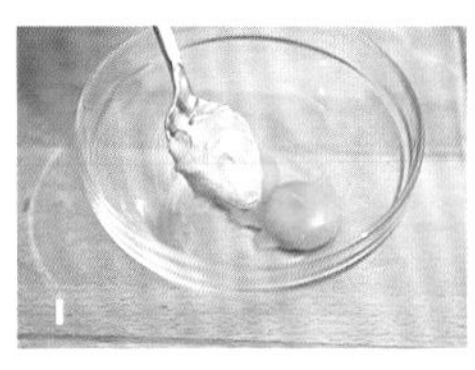
1

2

3

4

5

6

7

8

千島醬

風味特點

濃郁／酸爽／層次豐富

千島醬的由來：在美國和加拿大邊界處，有個風景美麗的旅遊勝地，叫做千島湖。湖中心就是美加分界線，南邊是美屬紐約州，北邊是加屬安大略省，著名的千島醬就源於此處。它在經典美乃滋的基礎上，加入酸爽的番茄汁和酸黃瓜碎粒，口感更具層次。

材料

經典美乃滋 **100**ml ／番茄醬 **100**ml ／俄式酸黃瓜 **3** 根

適用範圍

相較於經典美乃滋，略帶酸鹹口感的千島醬比較適合搭配蔬菜、肉、蛋以及起司製品。

做法

1. 將番茄醬倒入已製作好的經典美乃滋中，攪拌均勻。
2. 將俄式酸黃瓜切成碎丁，加入醬汁中拌勻即可。

1

2

塔塔醬

風　味　特　點

香濃／口感豐富／具層次感

塔塔醬的由來：在經典美乃滋的基礎上衍生出來的塔塔醬，加入了香濃的白煮蛋碎末和蔬菜、香草，常被用來搭配各種油炸的食物，可以平衡口感和消除油膩，雖然製作略微繁瑣，卻是非常美味的醬汁。

適用範圍

口感層次豐富的塔塔醬，用來搭配各種肉、蛋、蔬菜都很合適，尤其搭配油炸食物有著非常好的解膩效果。

材料

經典美乃滋 **100**g／白煮蛋 **2** 個／洋蔥 **1/4** 個／俄式酸黃瓜 **2** 根／新鮮歐芹末 **1** 大匙

做法

1. 用切碎機將洋蔥切碎。
2. 用切蛋器將白煮蛋切碎。
3. 酸黃瓜切成同樣大小的碎粒。
4. 將洋蔥粒、白煮蛋粒、酸黃瓜粒放入製作好的經典美乃滋中，再撒上新鮮歐芹末拌勻即可。

1

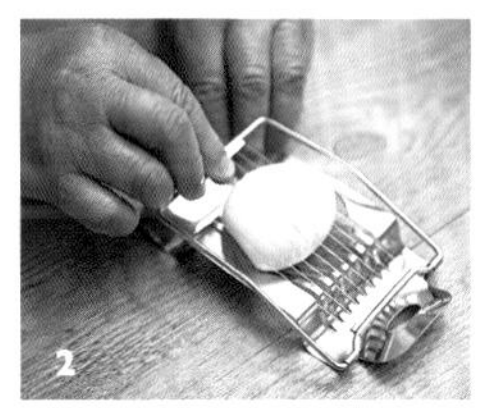

2

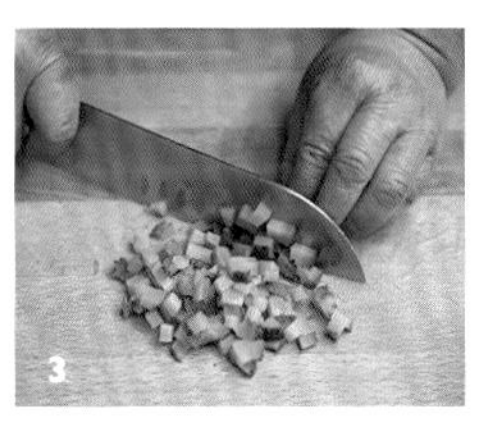

3

4

法式芥末醬

風味特點
香辛／酸甜／解膩／清爽

法式芥末醬的由來：法國第戎（Dijon）地區盛產白葡萄酒和優質芥末，當地人融合這兩種產物製作出的黃色奶油狀略帶辛辣的第戎芥末醬，是全球美食界馳名的優質醬料。法國大廚們在這種醬汁的基礎上，加入甜美的蜂蜜和鮮爽的檸檬汁，拌入沙拉後口感別具一格。

材料

第戎芥末醬 **3** 大匙／檸檬半個／蜂蜜 **2** 大匙

適用範圍

略帶刺激口感和甜味的法式芥末醬，用於海鮮、蔬菜、水果、肉、蛋和起司製品時都有不俗的表現。

做法

1. 將半個檸檬的果汁擠入第戎芥末醬中，攪拌均勻。
2. 加入蜂蜜，攪拌均勻即可。

1

2

低脂優格醬

風　味　特　點
香甜／輕盈／低脂／細膩

低脂優格醬的由來：一般傳統的沙拉醬汁往往口感濃厚，熱量較高，含有大量的油脂，令瘦身族群卻步。以優格為主體，代替美乃滋調味的低脂優格醬應運而生，還兼具促進腸胃消化的功效，近年來備受沙拉愛好者的推崇。

材料

原味優格 **200**g／檸檬半個／白砂糖 **1** 小匙

適用範圍

簡單甜美的低脂優格醬，特別適合用於蔬菜、水果和蛋類的沙拉組合。

做法

1. 用榨汁器將檸檬汁榨出。
2. 將榨好的檸檬汁與白砂糖倒入優格中，攪拌均勻至白砂糖完全溶解即可。

1

2

義式油醋醬

風味特點
輕盈／酸郁／香醇

做法

1. 將巴薩米克醋倒入第戎芥末醬中，攪拌均勻。
2. 加入橄欖油，用打蛋器打勻，或放入密封杯中使勁搖勻。
3. 根據個人口味加入適量的鹽和現磨黑胡椒調味即可。

1

2

3

義式油醋醬的由來：不同於味道濃郁高熱量的美乃滋系醬汁，義大利人發明於中世紀的油醋醬是清爽醬汁的先河之作。最早發明時並不是用於沙拉，而是用來搭配餐前麵包，沾取而食。製作這款醬汁，最好選用初榨的特級橄欖油，搭配道地的義大利巴薩米克陳醋，才能品嚐到最為正宗的義式風情。

材料

橄欖油 **150**ml／巴薩米克醋 **50**ml／第戎芥末醬 **1** 大匙／現磨黑胡椒適量／鹽適量

適用範圍

義式油醋醬與美乃滋是調製沙拉的兩大王牌，能夠給同樣的食材帶來完全不同的感受。適用於蔬菜、肉、蛋和起司製品。

照燒沙拉醬

風味特點

濃郁／甜鹹／增色

照燒沙拉醬的由來：照燒醬源自日本，甜鹹適宜，味道濃醇，色澤厚重而具光亮感，如被陽光照耀般明亮，故得名「照燒醬」。不同於其他沙拉醬汁可直接使用，這款醬汁一般用於肉類的醃漬，或於烹飪時加入。

材料

醬油 **4** 大匙／蜂蜜 **4** 大匙／料理米酒 **2** 大匙／清水 **2** 大匙

適用範圍

這款醬汁融合了蜂蜜的甜美與醬油的鹹香，加以料理米酒調味，最適合肉類使用。

做法

1. 蜂蜜中加入清水。
2. 用筷子攪拌至蜂蜜完全融化。
3. 加入料理米酒，拌勻。
4. 加入醬油，攪拌均勻即可。

糖醋醬

風味特點
酸甜／解膩／開胃

糖醋醬的由來：在中國有著上千年歷史的糖醋醬，是江浙菜系和粵菜系中重要的醬汁，甚至粗獷的東北菜也會出現它的身影。無論西湖醋魚、糖醋里脊還是鍋包肉，任何油膩葷腥碰到它都即刻化解，是中華飲食文化中的基礎醬汁。

材料

清水 **30**g／白砂糖 **20**g／香醋 **25**g／醬油 **10**g／料理米酒 **10**g／番茄醬 **20**g／鹽 **1**g

適用範圍

酸酸甜甜的糖醋醬，最適合油炸的肉類。有它的助攻，彷彿能消除一切油膩感。

做法

1. 白砂糖中加入鹽和清水。
2. 用筷子攪拌至白砂糖大致融化。
3. 加入香醋和料理米酒，拌勻。
4. 加入番茄醬、醬油，攪拌均勻即可。

1

2

第一章

超飽足的主食沙拉

黃金吐司火腿沙拉

吐 司 快 速 大 變 身

20 分鐘　簡單

特色

剩餘的白吐司，用烤箱加工一下，加上最容易取用的食材，快手搞定一份色香味俱全的沙拉，就是這麼簡單方便。

材料

吐司 **2** 片／無澱粉火腿 **50**g／黃瓜 **1** 根／冷凍玉米粒 **50**g

配料

蘿蔓萵苣適量／經典美乃滋 **25**g

參考熱量

合計 **538** 大卡

選用無澱粉火腿是為了避免攝取過多的碳水化合物，口感也更佳。如果沒有，可以用一般火腿代替。

做法

1. 烤箱 200℃預熱 5 分鐘。
2. 吐司切成 1cm 見方的小塊。
3. 將吐司塊烘烤 5 分鐘，關閉烤箱電源。
4. 玉米粒放入開水中煮滾，撈出瀝水。
5. 黃瓜洗淨去頭，切成 0.5cm 見方的小塊。
6. 火腿也切成小塊備用。
7. 生菜葉洗淨，瀝去多餘水分，鋪在盤底。
8. 將黃金吐司脆粒、玉米粒、黃瓜丁和火腿丁一起放入沙拉碗，加入經典美乃滋拌勻後，倒入鋪好生菜葉的容器中即可。

營養說明

玉米膳食纖維含量高，可以促進腸道蠕動，幫助預防便祕，但要注意玉米屬於「澱粉」，而非「蔬菜」，所以一次不宜多吃，以免發胖。

本食譜所用沙拉醬：經典美乃滋 023 頁

黃金吐司培根沙拉

剩 吐 司 也 有 春 天

20 分鐘 簡單

特色 剩餘幾片吐司不知道該怎麼辦？用烤箱烤得酥酥的，拌進沙拉裡，香香脆脆，又補充碳水化合物，一舉兩得！

材料

吐司 **2** 片／培根 **4** 片／蘆筍 **200**g／聖女番茄 **50**g

配料

千島醬 **30**g

參考熱量

食材	吐司 2片	培根 4片	蘆筍 200g	聖女番茄 50g	千島醬 30g	合計
熱量	**200** 大卡	**140** 大卡	**44** 大卡	**11** 大卡	**142** 大卡	**537** 大卡

TIPS

1. 採用不沾鍋是為了用培根自身的油脂來烹飪，可以減少單餐脂肪的攝取量。
2. 吐司可以根據個人喜好選擇種類，換成全麥吐司或雜糧吐司也是不錯的選擇。切忌選用甜味夾餡的吐司（如椰蓉吐司）。

做法

1. 烤箱 200℃預熱 5 分鐘。
2. 吐司切成 1cm 見方的小塊。
3. 將吐司塊放入烤箱烤 5 分鐘，關閉烤箱電源。
4. 蘆筍洗淨切去根部老化的部分，洗淨後斜切成薄片。
5. 淡鹽水燒開，放入蘆筍燙 30 秒撈出，瀝乾水分備用。
6. 聖女番茄洗淨去蒂，對切備用。
7. 培根放入不沾鍋煎熟，稍微冷卻後切成與吐司差不多大小的小方塊。
8. 將烤好的黃金吐司脆粒、蘆筍片、聖女番茄和培根片放入沙拉碗中，用千島醬拌勻即可。

營養說明

培根有健脾、開胃、祛寒、消食等功效，其磷、鉀的含量豐富，但因含鹽量較高，不宜一次多吃。

本食譜所用沙拉醬：千島醬 024 頁

黃金吐司鮮蝦沙拉

鮮蝦與秋葵的完美結合

20 分鐘　簡單

特色 香脆的吐司，鮮嫩的大蝦，搭配多汁的秋葵，紅紅綠綠的一大盤，營養全面，熱量適中，是健康的不二之選。

1

2

3

4

5

6

7

8

材料

吐司 **2** 片／鮮蝦 **100**g（可食部分）／西生菜 **50**g ／秋葵 **50**g ／番茄 **1** 個

配料

千島醬 **30**g ／檸檬汁（可選）

參考熱量

食材	吐司 2 片	鮮蝦 100g	西生菜 50g	秋葵 50g
熱量	200 大卡	87 大卡	44 大卡	11 大卡
食材	番茄 1 個（約 120g）	千島醬 30g	合計	
熱量	24 大卡	142 大卡	508 大卡	

如果家裡有檸檬，可以擠上幾滴檸檬汁，能巧妙地將蝦的腥味轉變為鮮味。

做法

1. 烤箱 200℃預熱 5 分鐘。
2. 吐司切成 1cm 見方的小塊。
3. 將吐司塊放入烤箱烤 5 分鐘，關閉烤箱電源。
4. 鮮蝦去殼，剔除泥腸。
5. 鮮蝦洗淨後放入熱水中汆燙 1 分鐘撈出，瀝乾水分備用。
6. 秋葵去蒂洗淨，切成 0.8cm 左右的小段，放入熱水中汆燙 1 分鐘後撈出，瀝乾水分備用。
7. 番茄去蒂洗淨，切成半圓形的薄瓣，西生菜洗淨，用手撕成硬幣大小。
8. 將烤好的黃金吐司脆粒、燙好的蝦肉和秋葵丁、番茄片和生菜放入沙拉碗中，淋上千島醬拌勻即可。

蝦不僅熱量低，且營養價值極高，含有大量的維生素和鋅、碘、硒等營養元素，可以增強人體免疫力，補腎抗衰老。

本食譜所用沙拉醬：千島醬 024 頁

蒜香吐司雞蛋沙拉

簡簡單單，營養滿分

25 分鐘　簡單

當噴香的蒜蓉烤吐司遇上營養滿點的雞蛋，再點綴聖女番茄、洋蔥，營養均衡且有飽足感的沙拉就誕生了。

材料

吐司 **2** 片／雞蛋 **2** 個／洋蔥半個／聖女番茄 **50**g

配料

大蒜 **3** 瓣／奶油 **10**g ／千島醬 **35**g ／鹽少許

參考熱量

合計 **628** 大卡

做法

1. 大蒜洗淨後用刀背拍鬆，去皮後壓成蒜泥，加一小撮鹽調勻。
2. 奶油用微波爐中火加熱 10 秒鐘融化成液體，加入蒜泥拌勻。
3. 烤箱 180℃預熱後，將奶油蒜泥塗抹在吐司上，放入烤箱上層烤 5 分鐘後關火，用餘溫燜烤備用。
4. 雞蛋連殼放入熱水中煮 8 分鐘，撈出過兩遍涼水。
5. 冷卻後的雞蛋去殼，切成小塊。
6. 洋蔥洗淨去皮，切成碎粒，加一小撮鹽拌勻備用。
7. 聖女番茄去蒂後洗淨，切成 4 小瓣。
8. 將雞蛋丁、洋蔥粒和聖女番茄放入沙拉碗中，加千島醬拌勻，蒜香吐司切成 1cm 見方的小塊，加入沙拉裡拌勻即可。

本食譜所用沙拉醬：千島醬 024 頁

TIPS

判斷雞蛋是否新鮮，只需將雞蛋放入涼水中，沉底的就是新鮮的雞蛋，浮在上面的煮熟後不僅剝殼困難，也是在提醒你再不吃可要過期啦！

特色　蒜香四溢的脆吐司、噴香的雞腿肉、綠油油的青花菜，讓沙拉不僅好吃，還同時滿足了人體對碳水化合物、脂肪、蛋白質和維生素的諸多需求！

蒜香吐司雞腿沙拉

沙拉也要香噴噴

35 分鐘　中等

做法

1. 雞腿洗淨去骨，切成一口大小，放入碗中加少許料理米酒、黑胡椒和鹽，醃漬 5 ～ 10 分鐘。
2. 青花菜洗淨切小朵，在燒開的淡鹽水中燙 1 分鐘後撈出瀝乾。
3. 大蒜去皮後壓成蒜泥，加一小撮鹽調勻。
4. 奶油用微波爐中火加熱融化成液體，加入蒜泥拌勻。
5. 烤箱 180℃預熱，將奶油蒜泥塗抹在吐司上，放入烤箱上層烤 5 分鐘後關火，用餘溫繼續燜烤備用。
6. 炒鍋燒熱後加入橄欖油，將醃漬好的雞腿肉放入，翻炒至表面熟透，加入少許清水後迅速蓋上鍋蓋，以中小火將雞腿肉燜熟，待水分大致蒸發後關火。
7. 烤好的吐司切成一口大小。
8. 將青花菜、雞腿、蒜香吐司放入沙拉碗，淋上經典美乃滋即可。

材料

吐司 **2** 片／雞腿肉 **100**g ／青花菜 **200**g

配料

大蒜 **3** 瓣／奶油 **10**g ／橄欖油 **15**ml ／黑胡椒粉、鹽各適量／料理米酒 **1** 大匙／經典美乃滋 **20**g

參考熱量

合計 **769** 大卡　本食譜所用沙拉醬：經典美乃滋 023 頁

青花菜切分時很容易掉碎屑，其實只要從根部切出紋路，用手撕開，即可避免這種情況發生，乾淨又不會浪費食材。

蒜香吐司鮪魚沙拉

迷人的烤蒜香

20 分鐘　簡單

特色

吐司抹上細膩的蒜蓉，經過烘烤，散發出誘人的香氣，配上低熱量又鮮美的鮪魚泥，加上脆脆的紫甘藍和胡蘿蔔，是一款口感非常豐富的沙拉。

材料

吐司 **2** 片／水煮鮪魚罐頭 **100**g／紫甘藍 **100**g／胡蘿蔔 **50**g

配料

大蒜 **3** 瓣／奶油 **10**g／經典美乃滋 **20**g／鹽少許

參考熱量

合計 **585** 大卡

做法

1. 大蒜洗淨後用刀背拍鬆，去皮後壓成蒜泥，加一小撮鹽調勻。
2. 奶油微波融化，與蒜泥拌勻。烤箱預熱 180℃。
3. 奶油蒜泥抹在吐司上，入烤箱上層烤 5 分鐘關火，用餘溫燜烤。
4. 鮪魚罐頭取出魚肉壓碎，加入經典美乃滋拌勻。
5. 紫甘藍洗淨瀝乾後切細絲，胡蘿蔔洗淨刨細絲。
6. 胡蘿蔔與紫甘藍一起放入沙拉碗，撒少許鹽拌勻。
7. 加入鮪魚沙拉泥，用筷子拌勻。
8. 將蒜香吐司取出，沙拉置於整片吐司上直接食用。

TIPS

如果沒有烤箱，也可以將吐司切成小塊，將奶油蒜泥放入鍋中加熱，再放入吐司塊，翻炒至金黃色、有濃郁蒜香味即可。

本食譜所用沙拉醬：經典美乃滋 023 頁

1

2

3

4

5

6

7
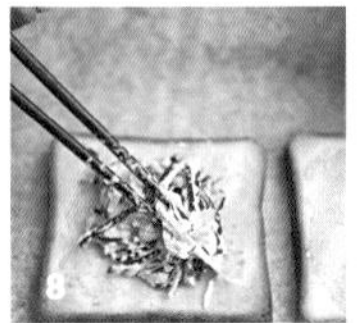
8

蒜香吐司扇貝沙拉

清清爽爽低熱量

25 分鐘　簡單

特色

大蒜的香氣可以為平淡無奇的白吐司增香，搭配脆嫩的荷蘭豆，就是一份富有創意的爽口沙拉

材料

吐司 **2** 片／扇貝肉 **100**g／荷蘭豆 **150**g

配料

大蒜 **3** 瓣／奶油 **10**g／料理米酒 **1** 大匙／義大利油醋醬 **20**ml

參考熱量

合計 **429** 大卡

荷蘭豆兩側的筋會影響口感，在處理的時候，掰開頭尾的一側，順著脈絡方向往下撕，注意頭尾兩邊要撕不同的方向，即可去除乾淨。

本食譜所用沙拉醬：義式油醋醬 028 頁

做法

1. 大蒜洗淨後用刀背拍鬆，去皮後壓成蒜泥，加一小撮鹽調勻。
2. 奶油微波融化，與蒜泥拌勻。烤箱預熱 180℃。
3. 奶油蒜泥抹在吐司上，入烤箱上層烤 5 分鐘關火，用餘溫燜烤。
4. 鍋中熱油，將扇貝兩面煎透，淋上料理米酒，待其蒸發完畢後盛出。
5. 荷蘭豆洗淨放入燒開的淡鹽水煮熟，撈出瀝乾。
6. 將烤好的吐司切成小塊；荷蘭豆切成適口的小段。
7. 將吐司、荷蘭豆、扇貝淋上義式油醋醬，拌勻即可。

蒜香吐司牛排沙拉

大快朵頤，健身增肌拍檔

30 分鐘  中等

當牛排以沙拉的形式出現，配上蒜香脆吐司和義大利的芝麻菜，沙拉也可以瞬間變得高檔大器，給味蕾五星級的享受。

材料

吐司 **2** 片／牛排 **1** 塊（約 **100**g）／洋蔥半個（約 **50**g）／芝麻菜 **50**g

配料

大蒜 **3** 瓣／奶油 **20**g／鹽 **1** 小撮／黑胡椒醬 **20**g

參考熱量

食材	吐司 2片	奶油 20g	牛肉 100g	芝麻菜 50g
熱量	**200** 大卡	**176** 大卡	**106** 大卡	**25** 大卡
食材	黑椒汁 20g	洋蔥 50g	合計	
熱量	**27** 大卡	**20** 大卡	**554** 大卡	

做法

1. 洋蔥洗淨，切成細絲，加少許鹽醃漬備用。
2. 大蒜洗淨後用刀背拍鬆，去皮後壓成蒜泥，加一小撮鹽調勻。
3. 奶油取一半量用微波爐中火加熱 10 秒鐘融化成液體，加入蒜泥拌勻。
4. 烤箱 180℃ 預熱後，將奶油蒜泥塗抹在吐司上，放入烤箱上層烤 5 分鐘後關火，用餘溫繼續焖烤備用。
5. 炒鍋燒熱加入剩餘奶油，放入牛排煎至個人喜好的熟度，盛出稍微冷卻後切成一口大小。
6. 黑胡椒醬放入鍋中加熱後關火備用。
7. 芝麻菜去根洗淨，切成小段。
8. 將烤好的吐司切成一口大小，與洋蔥絲、芝麻菜、牛排塊一起放入沙拉碗，淋上熬好的黑胡椒醬即可。

1. 如果沒有這種即食牛排，也可將牛肉切成小塊。搭配超市調味品區販售的黑胡椒醬即可。
2. 切洋蔥時容易流淚，可以將洋蔥提前放入冰箱，能一定程度減輕切開時釋放出的刺激氣味。

營養說明

牛肉不僅含有豐富的蛋白質，其胺基酸的構成也比豬肉更符合人體需求，可以補中益氣、滋養脾胃、強筋健骨。

蒜香法棍牛肉沙拉

吃得飽，吃得好

30 分鐘　中等

特色

低熱量又具有飽足感的牛肉，是增肌減脂的極佳食材，搭配烤得香脆的蒜香法棍和鮮豔爽口的蔬菜，誰說沙拉就一定清淡無味？

參考熱量

合計 **515** 大卡

TIPS

市售的蔬菜切花器可以切出各種花朵形狀，方便又好用。如果想省略此步驟，也可以直接將胡蘿蔔豎切後再斜切成薄片。

材料

法棍 **50**g／西洋芹 **100**g／牛肉 **100**g／胡蘿蔔 **50**g

配料

奶油 **10**g／大蒜 **3** 瓣／烘焙去皮白芝麻 **5**g／黑胡椒醬 **20**g／料理米酒 **1** 小匙／橄欖油 **15**ml／鹽少許

做法

1. 牛肉切成約 1cm 寬的條狀，加入 1 小匙料理米酒醃漬 10 分鐘。
2. 烤箱 180℃預熱，大蒜洗淨去皮，用壓蒜器壓泥。
3. 奶油用微波爐加熱 10 秒鐘融化成液體。
4. 將蒜泥倒進融化的奶油裡，加少許鹽，拌勻。
5. 法棍斜切成 1cm 左右的厚片（約 4 片），奶油蒜泥塗抹在切面上，再切成 1cm 寬的條狀，放入烤箱中上層烤 10 分鐘左右。
6. 炒鍋燒熱後加橄欖油，放入醃好的牛肉條，炒熟後盛出備用。
7. 西洋芹洗淨切片，胡蘿蔔洗淨切片，切成小花。
8. 將蒜香法棍條、牛肉條、西洋芹片、胡蘿蔔片放入沙拉碗中，淋上少許加熱過的黑胡椒醬，撒上烘焙白芝麻即可。

蒜香法棍雞胸沙拉

令人滿足的好味道

30 分鐘　中等

特色

雞胸肉低熱量高蛋白，是想減肥又嘴饞的人的必選食材。混著大蒜香氣的法棍提供了碳水化合物，搭配生菜和番茄，吃得飽，吃得好，就是這麼簡單。

做法

1. 烤箱 180℃預熱，大蒜去皮壓泥。
2. 奶油用微波爐加熱 10 秒鐘，直到融化成液體。
3. 將蒜泥倒入奶油中，加少許鹽拌勻。
4. 法棍斜切成約 1cm 的厚片（約 4 片），將奶油蒜泥均勻塗抹在斜切面上，放入烤箱中上層，烤 10 分鐘。
5. 雞胸肉切小塊，煮至熟透，瀝乾。
6. 雞胸肉剁成肉末，加千島醬拌勻。
7. 蘿蔓萵苣洗淨去根，切成細絲，聖女番茄洗淨去蒂，對半切開。
8. 將生菜絲與雞肉末拌勻，塗抹在烤好的蒜香法棍上，點綴聖女番茄即可。

材料

法棍 **50**g ／雞胸肉 **100**g ／蘿蔓萵苣 **50**g ／聖女番茄 **2** 顆

配料

奶油 **10**g ／大蒜 **3** 瓣／千島醬 **30**g ／鹽少許

參考熱量

合計 **553** 大卡

本食譜所用沙拉醬：塔塔醬 024 頁

雞胸肉也可切成小塊後放入微波爐，大火加熱 **3** 分鐘，即可熟透。

法棍黑胡椒雞腿沙拉

解[illegible]的最佳選擇：香烤雞腿！

30 分鐘　中等

這道沙拉最適合用剩餘的法棍麵包邊料來製作，切片放進烤箱烤乾水分，配上解饞的黑胡椒雞腿肉和紅紅綠綠的甜椒，高強度的運動之後補充這樣一份沙拉，瞬間掃除疲憊和饑餓。

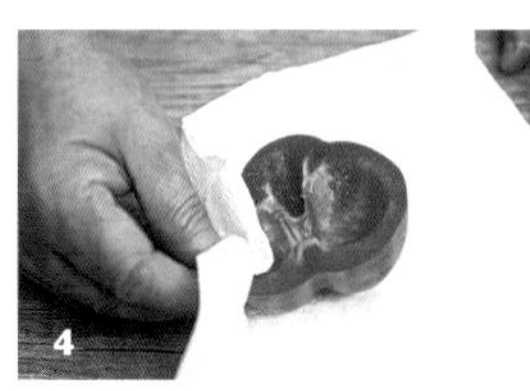

材料

法棍 **50**g／去骨雞腿肉 **100**g／青椒 **50**g／紅甜椒 **50**g

配料

黑胡椒醬 **20**g／經典美乃滋 **20**g／橄欖油 **15**ml／料理米酒 **1** 小匙

參考熱量

食材	法棍 **50**g	去骨雞腿肉 **100**g	青椒、紅甜椒 **100**g	黑胡椒醬 **20**g
熱量	**174** 大卡	**181** 大卡	**25** 大卡	**27** 大卡
食材	經典美乃滋 **20**g	橄欖油 **15**ml	合計	
熱量	**140** 大卡	**88** 大卡	**635** 大卡	

做法

1. 雞腿去骨，切成 2cm 見方的小塊，加 1 小匙料理米酒和 20g 黑胡椒醬醃漬 10 分鐘左右。
2. 烤箱 210℃預熱，烤盤用錫箔紙包好，淋上橄欖油，將雞腿肉入中層烤 15 分鐘，中途拿出烤盤翻面一次。
3. 法棍斜切成 0.8cm 厚的薄片，放入吐司機以中火烤好。
4. 甜椒去蒂去籽洗淨，用廚房紙巾吸去多餘水分。
5. 將洗好的甜椒掰成 2cm 見方的小塊。
6. 取出烤好的黑胡椒雞腿肉，和甜椒塊一起放入沙拉碗。
7. 法棍切片，掰成適口小塊，放入沙拉碗中，稍微拌勻。
8. 點綴經典美乃滋即可。

如果沒有吐司機，可以將切好的法棍薄片放於烤網上，以 **150**℃左右的溫度，放入烤箱中層烘烤 **10** 分鐘左右，即可達到相同效果。

營養說明

甜椒富含多種維生素、葉酸和鉀，常吃可以健胃、利尿、明目，提高人體免疫力和消化能力，兼具防癌抗癌的功效

本食譜所用沙拉醬：經典美乃滋 023 頁

蒜香法棍鮪魚沙拉

滿 足 味 蕾 的 五 星 級 享 受

20 分鐘　簡單

特色 大蒜與法棍，鮪魚泥與洋蔥粒，是最富盛名的完美組合，以簡單的食材做出最和諧的搭配，再點綴一片黑橄欖，米其林大廚就是你！

材料

法棍 **50**g／水煮鮪魚罐頭 **80**g／罐裝玉米粒 **50**g／洋葱 **50**g

配料

去核黑橄欖 **1** 顆／經典美乃滋 **20**g／奶油 **10**g／大蒜 **3** 瓣／鹽少許

參考熱量

食材	法棍 50g	鮪魚 80g	玉米粒 50g	洋葱 50g
熱量	174 大卡	80 大卡	50 大卡	20 大卡
食材	奶油 10g	經典美乃滋 20g	合計	
熱量	88 大卡	140 大卡	552 大卡	

做法

1. 烤箱 180℃預熱，大蒜洗淨、去皮，用壓蒜器壓成蒜泥。
2. 奶油用微波爐加熱 10 秒鐘融化成液體。
3. 將蒜泥倒進融化的奶油裡，加少許鹽，拌勻。
4. 法棍斜切成 1cm 左右的厚片（約 4 片），將奶油蒜泥均勻塗抹在斜切面上，放入烤箱中上層，烤 10 分鐘左右。

5. 洋葱洗淨去皮，用切碎機切成碎粒，加入少許鹽拌勻。
6. 鮪魚罐頭打開後倒出多餘湯汁，用筷子搗碎，倒入洋葱粒中。
7. 加入玉米粒、經典美乃滋拌勻。
8. 黑橄欖橫切成數個小圓圈，將拌好的鮪魚沙拉堆在烤好的蒜香法棍上，點綴黑橄欖片即可。

玉米粒也可用冷凍的，使用時需要用熱水燙 **1** 分鐘，瀝乾水分放涼後再拌入沙拉。

營養說明

大蒜不僅能為食物增添特殊的香氣，還具有殺菌、抗癌、降血糖、預防糖尿病及心腦血管疾病等功效

本食譜所用沙拉醬：經典美乃滋 023 頁

香煎法棍北寄貝沙拉

來自大海的鮮美滋味

25 分鐘　中等

特色

以吸取洋蔥精華的橄欖油將法棍煎得香噴噴，配上異常鮮嫩且熱量極低的北寄貝，點綴顏色漂亮的紫甘藍，口感均衡的創意沙拉就輕鬆完成了。

材料

法棍 **50**g／紫甘藍 **100**g／洋蔥 **20**g／北寄貝 **100**g

配料

千島醬 **30**g／青芥末 **5**g／薄鹽醬油 **1** 小匙／橄欖油 **15**ml

參考熱量

合計 **527** 大卡

做法

1. 北寄貝提前從冰箱取出，室溫解凍。
2. 紫甘藍洗淨，切成極細的細絲，加入千島醬拌勻。
3. 法棍斜切成 1cm 左右的厚片。
4. 洋蔥洗淨去皮，取 30g 左右放入切碎機切成碎粒。
5. 平底鍋加熱倒入橄欖油，加洋蔥粒翻炒出香味。
6. 放入切好的法棍，小火煎至切面吸收油分並變得金黃。
7. 青芥末和薄鹽醬油調勻備用。
8. 法棍上放上紫甘藍沙拉及洋蔥粒，北寄貝沾芥末醬油點綴其上。

1

2

3

4

5

6

7

8

本食譜所用沙拉醬：千島醬 024 頁

1. 日式薄鹽醬油是專門用於刺身及壽司類的調味醬油，口味比較清淡，如果買不到可用一般醬油代替。
2. 北寄貝捕撈後須第一時間在漁船上加工燙熟，並立即急凍，所以解凍後即可食用，無需再加熱，否則影響鮮嫩的口感。

法棍培根蘆筍沙拉

源自法蘭西的傳統美味

25 分鐘　簡單

特色

培根和蘆筍既方便烹調，又能提升沙拉的豐富度，再加上一點點來自義大利的芝麻菜，媲美米其林的法式沙拉即可輕鬆完成！

做法

1. 法棍斜切成 0.8cm 的薄片，放入吐司機以中火烤好備用。
2. 蘆筍洗淨，切去老化的根部，斜切成薄片。
3. 淡鹽水燒開後，放入切好的蘆筍片，煮至沸騰後再煮 30 秒，撈出瀝乾。
4. 芝麻菜去根和老葉，洗淨瀝乾水分，切段。
5. 不沾鍋燒熱，放入培根煎至熟透。
6. 將煎好的培根片切成兩段。
7. 法棍上鋪兩片培根，平鋪蘆筍片。
8. 放上芝麻菜，於最上端擠上塔塔醬即可。

材料

法棍 **50**g ／培根 **4** 片／蘆筍 **100**g ／芝麻菜 **20**g

配料

塔塔醬 **20**g ／鹽少許

參考熱量

合計 **530** 大卡

本食譜所用沙拉醬：塔塔醬 025 頁

1. 市售的蘆筍均未將老化的根部去除，需自行判斷應切除多少，最簡單的辦法是以 1cm 為間距試切，老化部分切起來較有阻力，須切到一刀下去感覺軟嫩無阻力即可。
2. 用裱花袋裝沙拉醬，再於前端剪開一個小口，即可擠出漂亮的條紋沙拉醬。

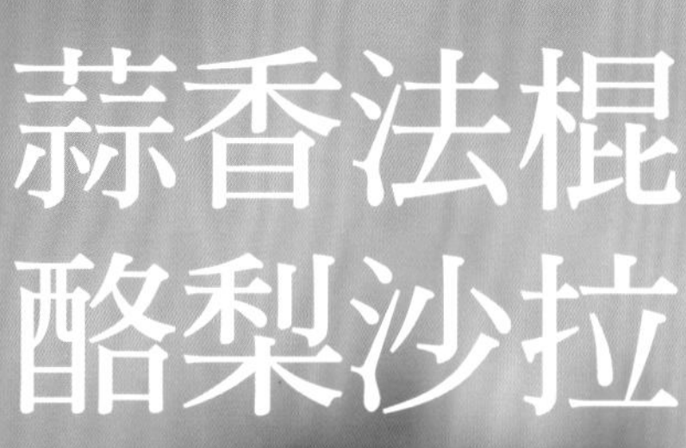

蒜香法棍酪梨沙拉

高 級 的 法 式 享 受

20 分鐘　簡單

蒜香法棍是西餐廳的必備主食，製作起來非常簡單，只需要點綴切片酪梨和營養又小巧的鵪鶉蛋，視覺與營養兼具的沙拉就完成了！

材料

法棍 **50**g ／酪梨 **1/2** 個／鵪鶉蛋 **8** 個

配料

奶油 **10**g ／大蒜 **3** 瓣／現磨海鹽少許／現磨黑胡椒適量

參考熱量

食材	法棍 50g	酪梨 1/2 個（約 50g）	鵪鶉蛋 8 個（約 80g）	奶油 10g	合計
熱量	**174** 大卡	**80** 大卡	**128** 大卡	**88** 大卡	**470** 大卡

營養說明

鵪鶉蛋富含蛋白質，所包含的胺基酸種類也非常齊全，還有優質的多種磷脂，相較於雞蛋，營養更全面，是天然的滋補品。

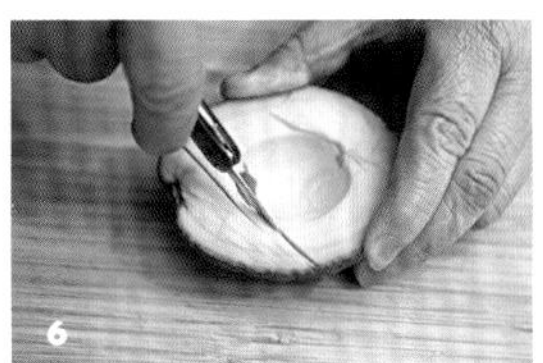

做法

1. 烤箱 180℃預熱，大蒜洗淨、去皮，用壓蒜器壓成蒜泥。
2. 奶油用微波爐加熱 10 秒鐘融化成液體。
3. 將蒜泥倒進融化的奶油裡，加少許鹽，拌勻。
4. 法棍斜切成 1cm 左右的厚片（約 4 片），將奶油蒜泥均勻塗抹在斜切面上。
5. 在每個塗抹好奶油蒜泥的法棍上打入 2 個鵪鶉蛋，放入烤箱中上層，烤 10 分鐘左右。
6. 酪梨沿中線切開，去除果核，用小刀劃成薄片，用湯匙緊貼果皮將酪梨肉取出。
7. 將酪梨薄片鋪在烤好的法棍上。
8. 依個人口味，撒上少許現磨海鹽和現磨黑胡椒即可。

如果酪梨的外皮是漂亮的墨綠色，代表還未成熟。應該等外皮呈現棕黑色，用手指輕捏表面可以輕易按下一個小洞才適合食用。切開後的果肉柔軟，呈現外綠內淡黃的色彩，吃起來也有如同奶油一般細膩柔滑的口感，所以又稱為「森林奶油」。如果吃起來硬梆梆的就是尚未成熟，需要再存放一些時日，若果肉發黑，則是已經熟透腐爛，不可食用。剩餘的半個酪梨很容易氧化，需要放在密封的保鮮盒或保鮮袋內，置於冰箱，第二天務必食用完畢。

照燒雞腿義麵沙拉

甜甜鹹鹹好滋味

80 分鐘　中等

特色

照燒醬配雞腿，光是聽著就讓人忍不住流口水，配上鮮豔蔬菜荷蘭豆和玉米筍，加上一點螺旋義大利麵，控制熱量的同時又可以大快朵頤。

材料

雞腿 **1** 隻（可食部分約 **100**g）／螺旋義大利麵 **30**g／胡蘿蔔 **50**g／荷蘭豆 **50**g／玉米筍 **50**g

配料

照燒沙拉醬 **50**g／烘焙去皮白芝麻 **5**g／鹽少許／橄欖油少許

參考熱量

合計 **452** 大卡

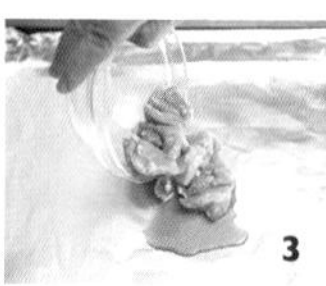
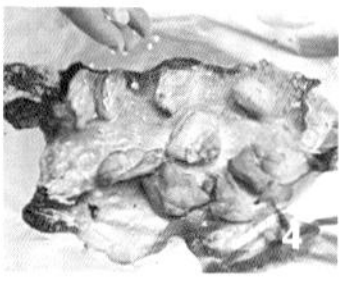

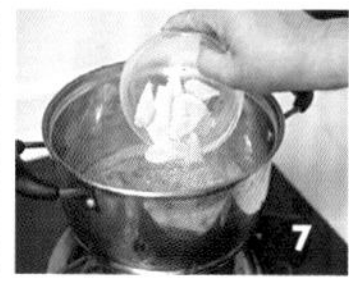

做法

1. 雞腿肉洗淨去骨，切成小塊。
2. 以照燒沙拉醬醃漬約 1 小時。烤箱 180℃預熱。
3. 將醃好的雞腿鋪在包好錫箔紙的烤盤上，置於中層烤 15 分鐘。
4. 出爐後撒上烘焙好的去皮白芝麻，備用。
5. 將螺旋麵按第 63 頁步驟 1～3 煮好，撈出備用。
6. 胡蘿蔔洗淨切片。荷蘭豆去蒂洗淨切小塊，玉米筍洗淨。
7. 一起放入滾水中汆燙約 1 分鐘撈出，瀝乾水分備用。
8. 將螺旋麵、胡蘿蔔、荷蘭豆、玉米筍放入沙拉碗，擺上照燒雞腿，淋上烤盤中剩餘的照燒醬即可。

1. 玉米筍選擇新鮮的最好，如果沒有，可以選擇罐裝的，瀝去湯汁即可直接使用。
2. 烘焙好的去皮白芝麻在大型超市的雜糧區有售，如果是市場買來的未經烘焙的白芝麻，可先用烤箱 **150**℃烤 **15** 分鐘左右，或用乾鍋小火炒 **3** 分鐘。

本食譜所用沙拉醬：照燒沙拉醬 029 頁

特色 白白嫩嫩的蘑菇和充滿煙燻香氣的培根，簡直是天生一對，將兩者做成沙拉，既能滿足味蕾的享受，又能大大減少熱量的攝取。

培根蘑菇義麵沙拉

香氣誘人的絕配組合

45 分鐘　中等

做法

1. 將斜管麵按照第 63 頁的步驟 1 ～ 3 煮好，撈出備用。
2. 蘑菇去蒂，洗淨切小塊；大蒜去皮，剁成碎末。
3. 炒鍋燒熱後加入橄欖油，放入蒜末爆香。
4. 放入蘑菇塊，中火翻炒 2 分鐘後，加入少許鹽和現磨黑胡椒。
5. 加約 50ml 清水，煮滾後轉小火將湯汁收乾，關火備用。
6. 用平底鍋將培根煎熟，放涼後切成正方形的小塊。
7. 西生菜洗淨，切成與培根差不多大小的片狀。
8. 將煮好的斜管麵、黑胡椒蘑菇、切好的培根和生菜放入沙拉碗中，加入塔塔醬拌勻即可。

材料

新鮮蘑菇 **100**g ／培根 **4** 片／西生菜 **100**g ／斜管義大利麵 **30**g

配料

塔塔醬 **30**g ／橄欖油 **5**g ／大蒜 **2** 瓣／鹽少許／現磨黑胡椒適量

參考熱量

合計 **572** 大卡

本食譜所用沙拉醬：塔塔醬 025 頁

TIPS

1. 購買蘑菇時應盡量挑選顏色潔白、水嫩的，看起來越漂亮的蘑菇越新鮮。
2. 斜管義大利麵烹煮時間請務必參考包裝盒上的指示操作。

蜜汁里脊義麵沙拉

甜蜜好味道，滿足吃得飽

60 分鐘　高級

特色

減肥總會遇到懈怠期，特別嘴饞，這時不妨試試這款沙拉吧！既能品嚐美味的糖醋里脊，又不用擔心熱量超標，蝴蝶形的義大利麵讓心情都跟著美麗起來了。

材料

蝴蝶義大利麵 **30**g／里脊肉 **100**g／青豌豆 **50**g／菊苣 **50**g

配料

蜂蜜 **25**g／白砂糖、蠔油、濃醬油、料理米酒各 **10**g／烘焙去皮白芝麻 **5**g／橄欖油、鹽各少許

參考熱量

食材	蝴蝶義大利麵 30g	里脊肉 100g	青豌豆 50g	菊苣 50g
熱量	**108** 大卡	**155** 大卡	**56** 大卡	**15** 大卡
食材	蜜汁醬料	去皮白芝麻	合計	
熱量	**120** 大卡	**27** 大卡	**481** 大卡	

做法

1. 將蜂蜜、白砂糖、蠔油、濃醬油和料理米酒一起混合調勻，加入 20ml 冷水，放入小鍋中煮至白砂糖完全融化，關火，冷卻備用。
2. 里脊肉切成 1cm 左右的厚片，用肉錘敲打。
3. 烤箱 210℃預熱，烤盤包好錫箔紙。
4. 將敲好的里脊肉平鋪放入烤盤，淋上醬汁，再蓋上一片錫箔紙，送入烤箱，將烤箱溫度調至 200℃，烤 25 ～ 30 分鐘。
5. 將蝴蝶麵按照第 63 頁的步驟 1 ～ 3 煮好，撈出備用。
6. 青豌豆放入滾水中汆燙 1 分鐘撈出備用。
7. 菊苣去根去老葉，洗淨瀝乾水分備用。
8. 取出烤好的里脊肉，撒上烘焙去皮白芝麻，切成一口大小，與蝴蝶麵、青豌豆、菊苣一起放入沙拉碗中，將烤盤中剩餘的蜜汁作為沙拉醬倒入，拌勻即可。

TIPS

如果沒有肉錘，可用刀背代替，將里脊肉敲鬆。這個步驟是為了使肉中的纖維斷裂，烤出的肉質會更加鮮嫩。

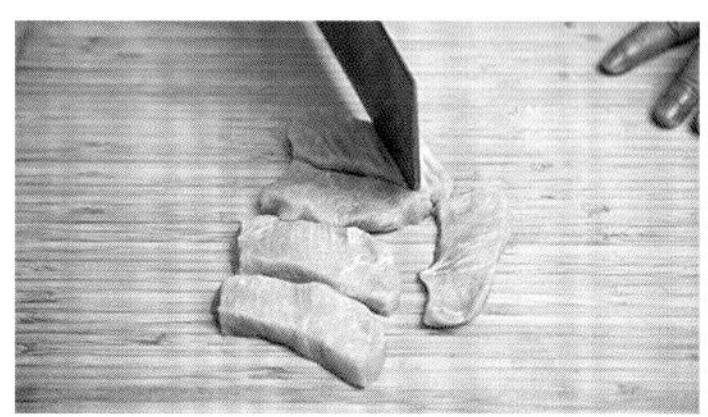

里脊肉是豬脊骨內側的條狀嫩肉，不僅肉質鮮嫩熱量低，經常食用還能補腎養血、滋陰潤燥、抑燥咳、止消渴。

黑胡椒
義麵
大 餐 一 樣 享
40 分鐘

誰說黑胡椒和牛肉這對完美搭檔只能用於高熱量的牛排大餐？以沙拉的形式來重新演繹，口味不變，熱量降低，這就是沙拉的魅力。

材料

細直義大利麵 **30**g／牛肉 **100**g／紫皮洋蔥 **50**g／冷凍青豆 **50**g

配料

橄欖油 **10**g／鹽少許／黑胡椒醬 **50**g／料理米酒 **1** 小匙

參考熱量

食材	細直義大利麵 30g	牛肉 100g	紫皮洋蔥 50g	青豆 50g
熱量	108 大卡	106 大卡	20 大卡	56 大卡
食材	橄欖油 10g	黑胡椒醬 50g	合計	
熱量	88 大卡	56 大卡	434 大卡	

營養說明

洋蔥含有具辛辣味的揮發物，能抗寒，抵禦流感病毒，有較強的殺菌作用。此外還含有前列腺素，常吃能擴張血管、降低血液黏稠度，降血壓、預防血栓形成。

做法

1. 牛肉切成薄片，加入 1 小匙料理米酒醃漬 10 分鐘左右。
2. 將細直麵按照第 63 頁的步驟 1 ～ 3 煮好，撈出備用。
3. 洋蔥洗淨去皮切細絲，撒少許鹽醃漬備用。
4. 炒鍋燒熱後，倒入橄欖油，把醃漬好的牛肉倒入，大火翻炒。
5. 牛肉炒熟後，加入黑胡椒醬，翻炒片刻，關火備用。
6. 將冷凍青豆放入滾水中汆燙 1 分鐘，撈出瀝乾水分備用。
7. 將煮好的義大利麵鋪在盤底，中間留空，放上洋蔥絲。
8. 將黑胡椒牛肉連湯汁淋在細直麵上，點綴煮好的青豆即可。

1. 如果剛巧遇上新鮮豌豆的季節，可以用新鮮青豌豆代替冷凍品，煮的時間也要略長一些，煮滾後再續煮 **2** 分鐘為宜。
2. 牛肉要切得盡量薄一些，可以先冷凍 **1** 小時後再切會比較好切。

秋葵鮮蝦義麵沙拉

小 小 一 盤 ， 元 氣 滿 滿

30 分鐘　簡單

特色 充滿元氣的綠色秋葵，粉色的鮮嫩大蝦，搭配杜蘭小麥製成的義大利麵和小巧的聖女番茄，品嚐時的心情是彩色的！

1

2

3

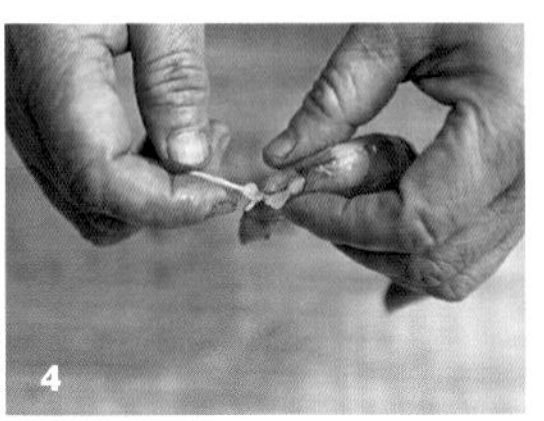
4

5

6

7

8

材料

螺旋義大利麵 **30**g／明蝦肉 **100**g／秋葵 **100**g／聖女番茄 **50**g

配料

法式芥末醬 **30**g／鹽適量／橄欖油少許

參考熱量

食材	螺旋義大利麵 30g	明蝦肉 100g	秋葵 100g
熱量	108 大卡	85 大卡	45 大卡
食材	聖女番茄 50g	法式芥末醬 30g	合計
熱量	11 大卡	126 大卡	375 大卡

做法

1. 將一小鍋水加入一小撮鹽和幾滴橄欖油，燒開。
2. 倒入螺旋麵，大火煮滾後轉小火，煮 10 ～ 15 分鐘。
3. 準備一小盆涼開水（或純水），將煮好的螺旋麵從鍋中撈出，馬上放入盆中浸泡備用。
4. 明蝦去殼，挑去泥腸，放入滾水中汆燙至水再次沸騰後迅速撈出備用。
5. 秋葵去蒂洗淨，切成 0.5cm 厚的小片，撒少許鹽備用。
6. 聖女番茄去蒂洗淨，切成 4 瓣。
7. 將煮好的螺旋麵和秋葵加入法式芥末醬拌勻，鋪在盤底。
8. 擺上煮好的明蝦肉和切好的聖女番茄即可。

TIPS

在義大利麵的外包裝袋上均有標示烹飪時間，每個品牌和種類的義大利麵烹煮時間都不同，標示文字一般位於包裝袋正面或反面的下方，該時間是以水滾後放入義大利麵直到關火撈出的時間為準。

營養說明

杜蘭小麥是義大利法定的製麵材料，它是最硬質的小麥品種，不僅密度和筋度高，其蛋白質含量也非常高。

本食譜所用沙拉醬：法式芥末醬 026 頁

義麵扇貝沙拉

超低熱量，鮮美無敵

70 分鐘　中等

特色 粉絲與扇貝是大家都很熟悉的食材，把它們與義大利麵和蘆筍、芝麻菜重新組合，烹飪的創新帶來截然不同的味覺體驗。

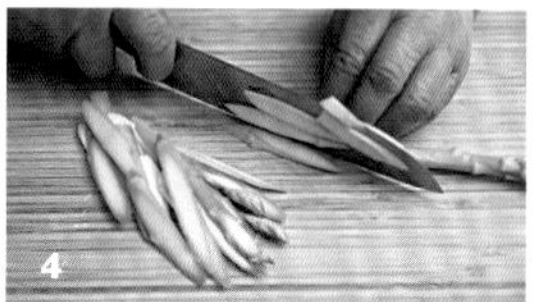

做法

1. 提前 1 小時將粉絲浸泡冷水至完全軟化備用。
2. 將蝸牛義大利麵按照第 63 頁的步驟 1 ～ 3 煮好，撈出備用。
3. 將粉絲放入煮麵的水中，煮熟後撈出，瀝乾水分，切成 5cm 左右備用。
4. 蘆筍洗淨，切去老化的根部，以 15 度角斜切成薄片，用滾水汆燙 1 分鐘後撈出備用。
5. 紫甘藍洗淨，切成細絲；芝麻菜洗淨去根，撕開備用。
6. 扇貝肉洗淨，瀝乾水分；大蒜洗淨，拍鬆後去皮，剁成蒜蓉。
7. 炒鍋燒熱，倒入橄欖油，將蒜蓉放入爆香後再倒入扇貝，大火爆炒 1 分鐘後加少許鹽起鍋。
8. 將蝸牛義大利麵、粉絲、蘆筍、芝麻菜、紫甘藍和扇貝肉一起放入沙拉碗中，加入義式油醋醬拌勻即可。

材料

蝸牛義大利麵 **30**g ／扇貝肉 **100**g ／蘆筍 **50**g ／紫甘藍 **50**g ／芝麻菜 **20**g ／粉絲 **20**g

配料

義式油醋醬 **30**g ／橄欖油 **10**g ／鹽少許／大蒜 **4** 瓣

參考熱量

食材	蝸牛義大利麵 **30**g	扇貝肉 **100**g	蘆筍 **50**g	紫甘藍 **50**g	芝麻菜 **20**g
熱量	**108** 大卡	**60** 大卡	**11** 大卡	**12** 大卡	**5** 大卡
食材	義式油醋醬 **30**g	粉絲 **20**g	橄欖油 **10**g	合計	
熱量	**50** 大卡	**68** 大卡	**88** 大卡	**402** 大卡	

TIPS

扇貝肉在超市的冷凍食品區和新鮮食品區均有銷售，如果選購的是冷凍的扇貝肉，需要先室溫解凍後再使用。

營養說明

扇貝含有的一種特殊成分，能夠抑制膽固醇的合成並促進膽固醇排出，具有降低膽固醇的作用，同時還富含不飽和脂肪酸，有健腦抗衰的效果。

本食譜所用沙拉醬：義式油醋醬 028 頁

茄汁比目魚義麵沙拉

酸香開胃低熱量

45 分鐘　中等

特色

比目魚肉質鮮嫩，烹飪起來極為方便，使用番茄汁來製作，吃起來特別開胃。紅色的茄汁配上綠色的青花菜，搭配彈牙的義大利麵，沒胃口時不妨試試這款沙拉吧！

材料

寬扁義大利麵 **30**g／比目魚、番茄各 **200**g／青花菜 **100**g／胡蘿蔔 **50**g

配料

橄欖油 **10**g／白砂糖 **5**g／鹽少許／香蔥少許／生薑 **4** 片

參考熱量

合計 **442** 大卡

做法

1. 比目魚提前解凍，切成 3cm 見方的小塊洗淨瀝乾。
2. 薑片鋪在盤底，擺上比目魚，放入已沸騰的蒸鍋，蒸 8 分鐘。
3. 寬扁麵按照第 63 頁的步驟 1 ～ 3 煮好撈出備用。
4. 青花菜洗淨，分成小朵；胡蘿蔔切片後用蔬菜壓模切成花形；分別放入燒開的淡鹽水中汆燙 1 分鐘後撈出瀝乾。
5. 番茄洗淨去蒂，切成小塊。
6. 炒鍋燒熱後加入橄欖油，倒入番茄塊，加少許鹽和白砂糖，中火翻炒至呈濃稠的番茄湯汁，僅餘少量的番茄塊即可。
7. 香蔥洗淨去根，取蔥綠部分，切成細碎的蔥花。
8. 將煮好的寬扁義大利麵纏繞鋪在盤底，點綴煮好的青花菜和胡蘿蔔片，將蒸好的比目魚除去薑片和湯汁，僅取魚肉鋪在麵上，淋上熬好的番茄汁，最後撒上香蔥即可。

TIPS

如果想更省事一些，也可以將比目魚放進微波爐，中火加熱 **5** 分鐘即可達到相同效果。

義麵
蟹肉棒沙拉

誰說蟹肉棒只能煮火鍋

30分鐘　簡單

特色

墨魚汁製作的義大利麵，顏色和口味都很特別，佐以鮮香的蟹肉棒，再搭配各色蔬菜，變身創意沙拉的高手很容易！

材料

墨魚義大利麵 **30**g／蟹肉棒、西洋芹、聖女番茄各 **100**g／蘿蔓萵苣 **50**g

配料

義式油醋醬 **50**g／千島醬 **20**g／橄欖油、鹽各少許

參考熱量

合計 **456** 大卡

做法

1. 蟹肉棒提前 1 小時從冰箱拿出，撕去外層塑膠包裝，室溫解凍。
2. 蟹肉棒入滾水中煮 1 分鐘左右，撈出瀝乾，冷卻後斜切成小段。
3. 墨魚麵按第 63 頁步驟 1 ～ 3 煮好，撈出備用。
4. 西洋芹去根去葉，以 15 度角斜切成 0.3cm 左右厚的片狀。
5. 將西洋芹片放入煮滾的淡鹽水中汆燙 1 分鐘後撈出瀝乾。
6. 聖女番茄去蒂，洗淨，對半切開。
7. 蘿蔓萵苣去根，洗淨，用廚房紙巾吸乾多餘水分，平鋪在盤底。
8. 將煮好的墨魚麵、蟹肉棒和西洋芹片在沙拉碗中混合，鋪在生菜葉上，淋上義式油醋醬，再擺放切好的聖女番茄，於最上方點綴適量千島醬即可。

本食譜所用沙拉醬：義式油醋醬 028 頁
千島醬 024 頁

墨魚義大利麵可以從進口超市或網路管道購得，煮時需按照包裝標示時間來烹飪。

咖哩饅頭雞胸沙拉

混搭風味，迸出絕妙滋味

45 分鐘　中等

想吃咖哩又怕熱量高？這款沙拉絕對值得你一試。東南亞風味的咖哩，搭配中國傳統麵食饅頭，吃起來別有一番滋味。

材料

饅頭 **50**g／雞胸肉 **100**g／蘑菇 **50**g／荷蘭豆 **100**g

配料

橄欖油 **10**g／咖哩粉適量／鹽少許／料酒 **1** 小匙／咖哩塊 **15**g／清水 **50**ml／經典美乃滋 **10**g

參考熱量

食材	饅頭 **50**g	雞胸肉 **100**g	蘑菇 **50**g	荷蘭豆 **100**g
熱量	**112** 大卡	**133** 大卡	**22** 大卡	**32** 大卡
食材	橄欖油 **10**g	咖哩塊 **15**g	經典美乃滋 **10**g	合計
熱量	**88** 大卡	**81** 大卡	**70** 大卡	**538** 大卡

做法

1. 烤箱 150℃預熱，饅頭切成 0.5cm 的薄片。
2. 將饅頭放在烤網上，用毛刷塗抹薄薄一層橄欖油，均勻地撒上少許鹽和咖哩粉，放入烤箱中層烤 15 分鐘。
3. 雞胸肉洗淨，切成 2cm 左右的小塊，加入 1 小匙料理米酒拌勻。
4. 蘑菇去蒂洗淨，切成和雞肉差不多大小的塊狀。
5. 炒鍋燒熱，倒入剩餘橄欖油，加入雞塊和蘑菇，中小火翻炒至全部熟透，起鍋前撒少許鹽。
6. 荷蘭豆去蒂洗淨，斜切成 1cm 左右，放入煮滾的淡鹽水中汆燙 1 分鐘撈出，瀝乾水分備用。
7. 將 50ml 清水燒開，轉最小火，加入咖哩塊，邊攪拌邊熬至呈優格狀濃稠的咖哩醬，冷卻後與經典美乃滋混合即成咖哩沙拉醬。
8. 將烤好的咖哩饅頭片切或掰成一口大小，與蘑菇雞肉塊和荷蘭豆一起放入沙拉碗中，淋上做好的咖哩沙拉醬即可。

蘑菇富含硒元素，常吃能夠抗癌防衰老，並且富含維生素 D，有助預防骨質疏鬆。

如果想再減少一些油脂的攝取，雞胸肉和蘑菇也可用水煮的方式烹熟，或放入烤箱，**200**℃中層烤 **20** 分鐘左右即可。

本食譜所用沙拉醬：經典美乃滋 023 頁

香脆饅頭培根沙拉

混搭風格，造就美味

35 分鐘　中等

特色 吃剩的饅頭用烤箱簡單加工，變得香香脆脆，配上煙燻培根和爽口清脆的蔬菜，再加上一顆雞蛋來補充蛋白質，吃得營養又健康。

1

2

3

4

5

6

7

8

材料

饅頭 **50**g／培根 **4** 片／雞蛋 **1** 顆／秋葵 **50**g／菊苣 **100**g

配料

橄欖油 **10**g／鹽少許／現磨黑胡椒適量／經典美乃滋 **20**g

做法

1. 烤箱 150℃預熱，饅頭切成 0.5cm 的薄片。
2. 饅頭放在烤網上，用毛刷刷上薄薄一層橄欖油，均勻撒少許鹽，放入烤箱中層烤 15 分鐘。
3. 雞蛋煮熟，去殼，切成 8 瓣。
4. 秋葵去蒂，洗淨，切成 0.5cm 厚的片。
5. 秋葵放入淡鹽水中汆燙 1 分鐘後撈出瀝乾。
6. 菊苣洗淨，去除老葉和根部，切成約 3cm 的小段。
7. 培根片用平底不沾鍋煎熟，撒少許現磨黑胡椒起鍋，放涼後切成一口大小。
8. 烤好的饅頭片切成 1cm 左右的小塊，與雞蛋、秋葵、菊苣和培根放入沙拉碗，擠入經典美乃滋即可。

1. 饅頭片也可以放入吐司機烘烤，由於饅頭比吐司較難烤熟，可以選擇吐司機最大火力，根據個人喜好多烤幾次，至饅頭片變得金黃焦脆即可。

2. 烤好的饅頭片立即用刀切（注意避免燙傷）很容易切開，稍微放涼一會兒就會變得整體酥脆。如果怕燙，可以在冷卻後用手將饅頭片隨意掰碎亦可。

參考熱量

食材	饅頭 50g	培根 4 片	雞蛋 1 顆	秋葵 50g	菊苣 100g	橄欖油 10g	經典美乃滋 20g	合計
熱量	112 大卡	140 大卡	76 大卡	22 大卡	23 大卡	88 大卡	140 大卡	601 大卡

營養說明

菊苣甘中帶苦，顏色碧綠，口感清爽，具有抗菌、解熱、消炎、明目功效，是清熱去火的好食材。

本食譜所用沙拉醬：經典美乃滋 023 頁

香蛋饅頭火腿沙拉

剩饅頭的華麗變身

30 分鐘　簡單

特色

利用家中剩餘的饅頭，加一些購買方便的食材，簡單烹飪一下，就是營養均衡又吃得飽的一餐，五顏六色的食材，光用看的就令人食指大動。

材料

饅頭 **50**g ／雞蛋 **1** 顆／無澱粉火腿 **50**g ／冷凍玉米粒 **50**g ／冷凍青豌豆 **50**g ／西生菜 **50**g

配料

花生油 **10**g ／鹽少許／經典美乃滋 **20**g ／肉鬆 **5**g

參考熱量

合計 **616** 大卡

做法

1. 饅頭 1 個，切成 1.5cm 左右的正方形小塊。
2. 雞蛋打散，加少許鹽攪打均勻。平底不沾鍋燒熱，倒入少許花生油。
3. 將雞蛋液倒入饅頭塊中，用筷子攪拌，使蛋液充分包裹。
4. 倒入燒熱的平底不沾鍋，邊翻拌邊中小火煎至金黃色盛出。
5. 用鍋中餘油將切好的火腿丁略煎後盛出。
6. 玉米粒和青豌豆入滾水中汆燙 1 分鐘，撈出瀝乾。
7. 西生菜洗淨，用手撕成小片。
8. 饅頭、玉米粒、火腿、青豌豆和生菜一起擠上經典美乃滋，撒上肉鬆即可。

TIPS

新鮮的饅頭特別軟，不容易切成小塊，也會吸附過多的蛋液。建議使用在冰箱內冷藏一晚的饅頭，更易操作。

本食譜所用沙拉醬：經典美乃滋 023 頁

特色

鮪魚罐是舶來品，但與中華傳統的主食饅頭搭配起來也別有一番風味。西洋芹與胡蘿蔔不僅讓沙拉更加爽口，熱量也超級低，盡管放心吃吧！

香脆饅頭鮪魚沙拉

中西合璧的魅力

30 分鐘　中等

做法

1. 按照第 71 頁的步驟 1、2，將饅頭烤脆。
2. 西洋芹去葉去根洗淨，以 30º 角斜切成厚約 0.3cm 的薄片。
3. 西洋芹放入煮滾的淡鹽水中，汆燙 1 分鐘，撈出瀝乾。
4. 胡蘿蔔洗淨切成厚約 0.3cm 的薄片，用模具切出花朵形狀。
5. 聖女番茄去蒂洗淨，對切成兩半。
6. 鮪魚瀝去多餘水分，用筷子搗碎。
7. 將烤好的香脆饅頭切或掰成適口的小塊。
8. 將所有材料放入沙拉碗中，加入經典美乃滋拌勻即可。

材料

水煮鮪魚 **80**g ／西洋芹 **100**g ／饅頭、胡蘿蔔、聖女番茄各 **50**g

配料

橄欖油 **10**g ／鹽少許／經典美乃滋 **20**g

參考熱量

合計 **464** 大卡

鮪魚罐頭應盡量選擇水煮的，比起油漬鮪魚熱量要低得多，口感也更清爽，更健康。

本食譜所用沙拉醬：經典美乃滋 023 頁

香蛋饅頭鮮蝦沙拉

白饅頭遇上鮮蝦，滋味不平凡

25分鐘　簡單

特色

裹上蛋汁煎得金黃酥香，再平常不過的白饅頭也變得讓人口水直流。粉嫩彈牙的蝦仁，綠油油的酪梨和蘆筍，誰能想到這是以白饅頭為基底製作的沙拉呢？

1

2

3

4

5

6

7

8

材料

饅頭 **50**g／雞蛋 **1** 個／明蝦 **100**g／酪梨半個（約 **50**g）／蘆筍 **100**g

配料

花生油 **10**g／鹽少許／現磨黑胡椒適量／千島醬 **30**g

參考熱量

食材	饅頭 50g	雞蛋 1 個	明蝦 100g	酪梨 50g
熱量	112 大卡	76 大卡	85 大卡	80 大卡
食材	蘆筍 100g	花生油 10g	千島醬 30g	合計
熱量	22 大卡	88 大卡	142 大卡	605 大卡

做法

1. 饅頭 1 個，切成 0.8cm 左右的薄片。
2. 雞蛋打散，加少許鹽和 5ml 水攪打均勻。
3. 平底不沾鍋燒熱，倒入少許花生油。
4. 將饅頭片放入雞蛋液中，使蛋液充分包裹饅頭，再放入燒熱的平底不沾鍋，用中小火煎至兩面都變成金黃色。
5. 明蝦去殼，挑去泥腸，放入滾水中汆燙 1 分鐘，撈出備用。
6. 蘆筍切去老化的根部，以 10º 角斜切成片，放入滾水中汆燙 1 分鐘，撈出備用。
7. 成熟的酪梨取一半果肉，加入少許鹽和現磨黑胡椒，壓成酪梨泥。
8. 在煎好的香蛋饅頭片上塗抹一層酪梨泥，擺放上蘆筍片和明蝦肉，擠上適量千島醬即可。

1. 酪梨的挑選參見第 **53** 頁。
2. 除了白饅頭，我們還可以選用全麥饅頭、黑麵饅頭等來製作這道沙拉，風味不同，營養也更多元化。

蘆筍含有豐富的維生素 A、B 族維生素、葉酸以及硒、鐵、錳、鋅等礦物質，並含有人體所必需的多種胺基酸。

本食譜所用沙拉醬：千島醬 024 頁

冰鎮優格燕麥杯

網 紅 爆 款 的 非 凡 魅 力

10 分鐘　簡單

特色

一夜之間風靡全球的冰鎮優格燕麥杯，暴紅不是沒道理的！製作方便，取材簡單，還能根據個人口味隨意調整，晚上順手做好一杯，第二天一早取出就能食用，這樣簡單又健康的美味，任誰都不想錯過！

做法

1. 準備一個容量 350ml 左右的透明玻璃杯，洗淨，用廚房紙巾擦乾水分。
2. 用料理秤秤取定量的燕麥片，備用。
3. 紅肉火龍果取果肉，切成小塊。
4. 奇異果洗淨去皮，去除中間的硬心，切成小塊。
5. 在杯底撒 1/3 量的燕麥片，倒入 1/3 量的優格。
6. 繼續撒上 1/3 量的燕麥片，輕輕撒入切好的紅肉火龍果粒。
7. 再倒入 1/3 量的優格，撒上剩餘的燕麥片，再輕輕撒入切好的奇異果粒。
8. 倒入剩餘的優格，放入冰箱冷藏室過夜，第二天早晨取出後，於頂端放上幾片新鮮採摘的薄荷葉即可。

材料

即食免煮燕麥片 **30**g／紅肉火龍果 **50**g／奇異果 **50**g／原味優格 **200**g

配料

新鮮薄荷嫩葉

參考熱量

食材	即食免煮燕麥片 **30**g	紅肉火龍果 **50**g	奇異果 **50**g	原味優格 **200**g	合計
熱量	**117** 大卡	**30** 大卡	**30** 大卡	**186** 大卡	**363** 大卡

1. 水果可以任意替換為自己喜歡的：草莓、藍莓、水蜜桃……
2. 放置水果的時候可以將水果切成薄片，先貼在杯壁上，再進行後續操作，一份兼具營養和小清新氣質的美好早餐就是這麼簡單！

燕麥中的 β-葡聚糖，具有降血脂、降血糖的功效。燕麥片中還富含膳食纖維，可長時間維持飽足感，有助減肥瘦身。

低脂脆燕麥水果沙拉

極　簡　法　則　成　就　美　味

10 分鐘　簡單

特色 即食型脆燕麥經過特殊加工製成，口感香脆，極具飽足感，熱量卻不高，配上各式水果和低脂香甜的優格，再點綴一些香酥的堅果，滿滿一碗都是健康的維生素和不飽和脂肪酸。

1

2

3

4

5

6

材料

即食型脆燕麥 **30**g／洋梨 **100**g／香蕉 **100**g／原味優格 **200**g

配料

綜合堅果 **25**g／檸檬汁少許

市售即食型脆燕麥分為兩種：一是純燕麥經特殊加工乾燥脆化，熱量低，但口感較單一；另一種是混合了各種水果乾和堅果，口感好但熱量較高，使用後者時可以免去綜合堅果，以減少總熱量的攝取。

做法

1. 香蕉去皮，切成厚 0.5cm 片狀。
2. 洋梨洗淨，去皮去核，切成邊長約 1cm 的小塊。
3. 將切好的香蕉和洋梨放入沙拉碗，擠上少許檸檬汁，減緩氧化。
4. 加入脆燕麥。
5. 倒入優格。
6. 撒上綜合堅果即可。

營養說明

洋梨原產歐洲，營養價值極高，具有潤肺化痰、生津止咳等功效；香蕉則具有潔腸胃、治便祕、止煩渴、填精髓、解酒毒等功效。

參考熱量

食材	脆燕麥 30g	洋梨 100g	香蕉 100g	原味優格 200g	綜合堅果 25g	合計
熱量	107 大卡	50 大卡	93 大卡	186 大卡	126 大卡	562 大卡

煮燕麥全素沙拉

食材雖簡素，營養不簡單

35 分鐘　中等

特色

僅用燕麥搭配各色蔬菜，佐以健康的橄欖油，雖然是全素，卻口感豐富，營養均衡，也能吃得飽，吃得好。

材料

燕麥片 **30**g／胡蘿蔔 **50**g／櫛瓜 **100**g／冷凍玉米粒 **100**g

配料

橄欖油 **10**g／義式油醋醬 **20**g／現磨黑胡椒少許／鹽少許

參考熱量

合計 **388** 大卡

做法

1. 將燕麥片洗淨，提前用清水浸泡 2 小時。
2. 將泡好的燕麥片放入滾水中，小火熬煮 15 分鐘左右，撈出，瀝乾水分備用。
3. 胡蘿蔔洗淨，切成 1cm 左右的小塊。
4. 櫛瓜洗淨，切去頂端，切成 1.5cm 左右的小塊。
5. 鍋中燒熱橄欖油，放入胡蘿蔔丁，小火翻炒 1 分鐘左右。
6. 加入櫛瓜，中火翻炒 1 分鐘，撒少許鹽和現磨黑胡椒，關火。
7. 冷凍玉米粒放入水中煮約 1 分鐘，撈出瀝乾水分。
8. 將煮好的燕麥片、玉米粒，和炒好的蔬菜一起放入沙拉碗，加入義式油醋醬即可。

1. 全素沙拉中的蔬菜可換成自己喜歡的其他蔬菜，以根莖類和蕈菇類為佳。
2. 蔬菜的處理方式除了油炒之外，也可以採用清煮的方式，口感雖略遜色，但是熱量會降低約 **100** 大卡。

本食譜所用沙拉醬：義式油醋醬 028 頁

煮燕麥鮮蝦沙拉

還原食材本身的味道

30 分鐘　簡單

特色 原香原味的燕麥，雖然需要烹煮，但是也避免了一切額外的熱量，配上粉嫩嫩的蝦仁，充滿朝氣的蘆筍，非常健康，熱量極低。

材料

燕麥片 **30**g／明蝦 **100**g（可食部分）／蘆筍 **100**g／雞蛋 **1** 顆

配料

千島醬 **30**g

參考熱量

合計 **438** 大卡

做法

1. 燕麥片洗淨，用清水浸泡 2 小時。
2. 將泡好的燕麥片放入滾水中，小火熬煮 15 分鐘左右，撈出，瀝乾水分備用。
3. 明蝦去殼，挑出泥腸，洗淨。
4. 蘆筍洗淨，去除老化的根部，以 15 度角斜切成 1cm 的片狀。
5. 將剝好的蝦仁放入滾水中煮 1 分鐘，撈出，瀝乾水分備用。
6. 切好的蘆筍放入淡鹽水中汆燙 1 分鐘，撈出瀝乾備用。
7. 雞蛋煮熟過冷水後剝殼，切成小塊。
8. 將煮好的燕麥、蝦仁、蘆筍和雞蛋放入沙拉碗中，淋上千島醬即可。

本食譜所用沙拉醬：千島醬 024 頁

一般燕麥片都是純生燕麥，僅經過碾壓成形，所以需要較久的烹煮時間。如果沒有提前浸泡，用壓力鍋煮 **10** 分鐘也可達到同樣口感。

煮燕麥照燒小章魚沙拉

日式風味，可愛又營養

50 分鐘　中等

特色

香噴噴的燕麥，搭配可愛又營養的小章魚，用濃郁但熱量不高的照燒醬來提味，這樣一份充滿日式風情的美味沙拉，可以盡情地大快朵頤

材料

燕麥片 **30**g／小章魚 **100**g／西洋芹 **100**g／番茄 **50**g

配料

蘿蔓萵苣適量／照燒沙拉醬 **50**g／烘焙去皮白芝麻 **5**g／鹽少許

參考熱量

合計 **339** 大卡

TIPS

小章魚也可以替換為新鮮或冷凍的魷魚，味道同樣鮮美。注意不要使用泡發的魷魚，會影響口感。

本食譜所用沙拉醬：照燒沙拉醬 029 頁

做法

1. 將小章魚去除內臟，洗淨，瀝乾水分。
2. 小章魚用照燒醬醃漬 15 分鐘左右，同時以 200℃ 預熱烤箱。
3. 小章魚連同照燒醬放入烤盤，覆錫箔紙烤 20 分鐘。
4. 小章魚撒上白芝麻，放涼後切成一口大小，照燒醬留用。
5. 燕麥片洗淨入滾水以小火熬煮 20 分鐘，撈出瀝乾。
6. 西洋芹洗淨，去葉去根，斜切成 1cm 小段，放入淡鹽水中汆燙 1 分鐘，撈出瀝乾水分備用。
7. 番茄洗淨去蒂，切成扇形的小塊。
8. 在盤底鋪上洗淨的生菜葉，將煮好的燕麥和西洋芹放入沙拉碗中拌勻，倒入盤中，點綴切好的番茄和烤好的小章魚，倒入剩餘的照燒沙拉醬即可。

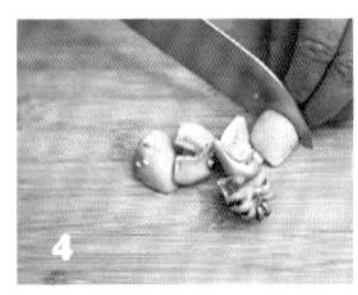

特色　鮮美的鮪魚泥，鹹香的烤海苔，脆嫩的胡蘿蔔絲，有了它們，平淡的煮燕麥也變得豐盛起來。

燕麥海苔鮪魚沙拉

選用好食材，無須餓肚子

35 分鐘　簡單

做法

1. 燕麥片洗淨，放入滾水中以小火熬煮 20 分鐘，撈出瀝乾備用。
2. 鮪魚罐頭瀝出湯汁，魚肉搗碎。
3. 烤海苔用剪刀剪成細條。
4. 胡蘿蔔洗淨，用刨絲器刨成細絲，放入水中浸泡備用。
5. 芝麻菜去根去老葉，洗淨，撕開後切成 3cm 左右的小段。
6. 秋葵洗淨去蒂，放入煮滾的淡鹽水中汆燙 1 分鐘，撈出放涼切成 0.5cm 厚的片。
7. 燕麥和秋葵拌勻，放入盤中鋪平。
8. 將鮪魚和胡蘿蔔絲以及芝麻菜放入沙拉碗，加經典美乃滋拌勻後倒在秋葵燕麥上，點綴少許海苔絲。

本食譜所用沙拉醬：經典美乃滋 023 頁

材料

燕麥片 **30**g／水煮鮪魚 **80**g／即食烤海苔 **10**g／胡蘿蔔 **50**g／芝麻菜 **30**g／秋葵 **50**g

配料

經典美乃滋 **20**g／鹽少許

參考熱量

合計 **421** 大卡

秋葵最有營養的部分就是它黏黏的汁液，所以燙秋葵時千萬不能切開汆燙，以防營養流失。正確的操作方法是整根燙熟後再進行切分。

糙米雞胸胡蘿蔔沙拉

減脂健身優質搭配

45 分鐘　中等

特色

減脂不增肥的糙米和蛋白質滿滿的雞胸肉，大概是增肌減脂族群最愛的組合了！簡單搭配幾樣蔬菜，就是一頓非常豐盛的大餐。

材料

糙米 **100**g／雞胸肉 **100**g／胡蘿蔔 **50**g／荷蘭豆 **50**g／新鮮香菇 **50**g

配料

橄欖油 **10**g／鹽少許／現磨黑胡椒適量／蠔油 **20**g／料理米酒 **1** 大匙

參考熱量

食材	熟糙米飯 **100**g	雞胸肉 **100**g	胡蘿蔔 **50**g	荷蘭豆 **50**g
熱量	**111** 大卡	**133** 大卡	**18** 大卡	**11** 大卡
食材	新鮮香菇 **50**g	橄欖油 **10**g	蠔油 **20**g	合計
熱量	**13** 大卡	**88** 大卡	**23** 大卡	**397** 大卡

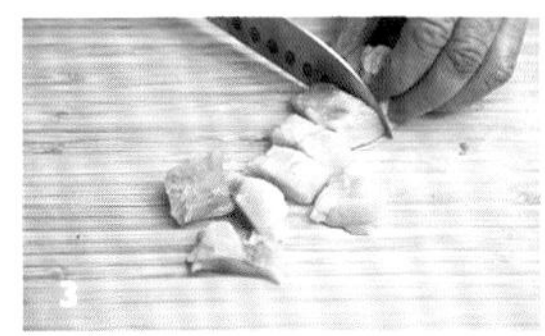

做法

1. 糙米淘洗乾淨，提前浸泡 2 小時。
2. 放入電鍋，加 2 倍水，蒸熟。
3. 雞胸肉洗淨，切成小塊，加入 1 大匙料理米酒，醃漬 15 分鐘左右。
4. 香菇去蒂，洗淨，掰成小塊。
5. 炒鍋燒熱，加橄欖油，倒入醃漬好的雞胸肉塊和香菇塊，中火翻炒 2 分鐘。
6. 加少許鹽、現磨黑胡椒和蠔油，再加入少許清水，大火收汁。
7. 胡蘿蔔洗淨，去根，切丁；荷蘭豆洗淨，去根，切成小段，放入煮滾的淡鹽水中汆燙 1 分鐘，撈出瀝乾水分備用。取 100g 糙米飯盛出，攤開放涼。
8. 將糙米飯、胡蘿蔔丁、荷蘭豆放入沙拉碗內拌勻，放上香菇雞胸即可。

1. 若使用的是乾香菇，要提前 **2** 小時左右用清水泡發。

2. 如果不喜歡香菇的味道，也可以替換為杏鮑菇、洋蔥等自己喜愛的蔬菜。

營養說明

與一般精緻白米相比，糙米的維生素、礦物質與膳食纖維的含量都更加豐富，是非常健康的養生食材。

糙米鮪魚沙拉

無需節食也能輕鬆減脂

45 分鐘　簡單

特色

鮪魚泥鮮美無比，加入玉米和洋蔥粒，口感瞬間變得富有層次。配上粒粒彈牙的糙米，吃得飽足又不長肉哦！

材料

糙米 **100**g ／水煮鮪魚 **80**g ／冷凍玉米粒 **100**g ／黃瓜 **100**g ／菊苣 **50**g ／洋蔥粒 **50**g

配料

經典美乃滋 **20**g ／鹽少許

參考熱量

合計 **499** 大卡

做法

1. 糙米淘洗乾淨，提前浸泡 2 小時。
2. 放入電鍋，加 2 倍水，蒸熟。
3. 洋蔥粒撒少許鹽醃漬片刻。
4. 水煮鮪魚罐頭瀝去多餘湯汁，取出魚肉，搗碎後加入洋蔥粒和經典美乃滋，拌勻成鮪魚洋蔥泥。
5. 冷凍玉米粒汆燙 1 分鐘，撈出瀝乾；100g 糙米飯攤開放涼。
6. 黃瓜洗淨，去頭去尾，切成 3cm 左右的長細絲。
7. 菊苣洗淨，去除老葉和根部，撕開後切成約 3cm 長的小段。
8. 將糙米飯、黃瓜絲、菊苣和玉米粒放入沙拉碗，加入調製好的鮪魚洋蔥泥拌勻即可。

清洗黃瓜時一定要注意，最好用蔬果專用的清洗劑，再用小毛刷（軟毛牙刷也可以）輕刷表面，才能徹底去除農藥殘留。

本食譜所用沙拉醬：經典美乃滋 023 頁

蒸熟的糙米飯粒粒彈牙，搭配同樣Q彈的蟹肉棒，還有圓滾滾的青豆，食材簡單，口感卻很不簡單。

做法

1. 糙米淘洗乾淨，提前浸泡 2 小時。
2. 放入電鍋，加 2 倍水，蒸熟。
3. 蟹肉棒放入滾水中汆燙 1 分鐘，撈出瀝乾水分。
4. 將汆燙好的蟹肉棒切成 1cm 左右小段。
5. 冷凍青豌豆用冷水沖洗去冰殼，放入滾水中，小火煮 3 分鐘，撈出瀝乾水分備用。
6. 將蒸好的糙米飯盛出 100g，攤開放涼。
7. 西生菜洗淨，切成細絲。
8. 將熟糙米飯、蟹肉棒、青豌豆和生菜絲放入沙拉碗中拌勻，擠上法式芥末醬即可。

材料

糙米 **100**g／蟹肉棒 **100**g／西生菜 **100**g／冷凍青豌豆 **30**g

配料

法式芥末醬 **30**g

參考熱量

合計 **505** 大卡

蟹肉棒本身就是熟製產品，切忌不可煮得過久，不然會散開難以切段，且影響口感。

本食譜所用沙拉醬：法式芥末醬 026 頁

糙米培根沙拉

均衡膳食，健康滿分

45 分鐘　中等

特色 青花菜和糙米都是非常營養又低熱量的食材，與熱量稍高的培根搭配在一起，無論是總熱量攝取還是味蕾的滿足，都得到了平衡。

做法

1. 糙米淘洗乾淨，提前浸泡 2 小時。
2. 放入電鍋，加 2 倍水，蒸熟。
3. 平底不沾鍋燒熱，放入培根，煎至兩面熟透，撒上適量的現磨黑胡椒，盛出放涼。
4. 將放涼的培根沿短邊切成 1cm 左右的小塊。盛出 100g 糙米飯，攤開放涼。

5. 青花菜分割成適口的小朵，用淡鹽水浸泡 10 分鐘左右。
6. 淡鹽水煮滾，將切好的青花菜放入鍋中汆燙 1 分鐘後撈出，瀝乾水分備用。
7. 聖女番茄去蒂洗淨，切成 4 瓣。
8. 將糙米飯、培根、青花菜拌勻，撒上切好的聖女番茄，擠上千島醬即可。

材料

糙米 **100**g ／培根 **4** 片／青花菜 **100**g ／聖女番茄 **50**g

配料

鹽少許／千島醬 **30**g ／現磨黑胡椒適量

參考熱量

食材	熟糙米飯 **100**g	培根 **4** 片	青花菜 **100**g
熱量	**111** 大卡	**140** 大卡	**36** 大卡
食材	聖女番茄 **50**g	千島醬 **30**g	合計
熱量	**23** 大卡	**142** 大卡	**452** 大卡

TIPS

糙米飯可以一次多蒸一些，分成每餐的食用量，用保鮮袋包好放入冰箱保存，食用時提前取出，恢復室溫即可。

營養說明

來自地中海東部沿岸的青花菜，富含維生素 C，能提高人體免疫功能，促進肝臟解毒。青花菜還富含類黃酮，類黃酮能夠阻止膽固醇氧化，減少心臟病與中風的危險。

本食譜所用沙拉醬：千島醬 024 頁

藜麥北寄貝沙拉

南印加邊上北海道

25 分鐘　簡單

特色 藜麥與北寄貝，光是這個組合聽起來就很高貴，簡單搭配兩樣蔬菜，非常方便就能製作出一份健康的沙拉，就算加上拍照發朋友群組，也不到半小時就可以完成呢！

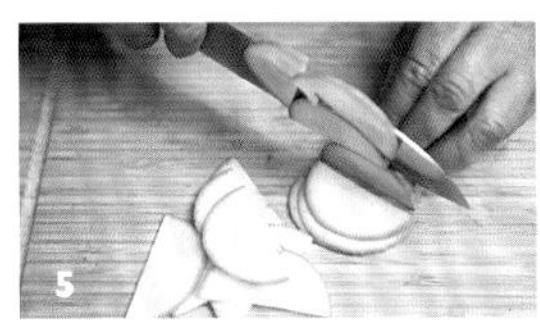

材料

藜麥 **50**g／北寄貝 **100**g／櫛瓜 **100**g／芝麻菜 **50**g

配料

法式芥末醬 **30**g／橄欖油少許／鹽少許

做法

1. 北寄貝提前從冰箱取出，自然解凍，用冷開水沖洗一遍。
2. 小鍋加 500ml 水、幾滴橄欖油和少許鹽煮滾。
3. 藜麥洗淨瀝乾，放入滾水中小火煮 15 分鐘。
4. 將煮好的藜麥撈出，瀝乾水分，放入沙拉碗中備用。
5. 櫛瓜洗淨去頭尾，從中間剖開，再切成半圓形的薄片。
6. 切好的櫛瓜放入煮過藜麥的滾水中，汆燙 1 分鐘，撈出瀝乾水分備用。
7. 芝麻菜去除根部和老葉，洗淨，撕開，切成 3cm 左右的小段。
8. 將北寄貝、櫛瓜片和芝麻菜放入煮好的藜麥中，淋上法式芥末醬，拌勻即可。

參考熱量

食材	藜麥 **50**g	北寄貝 **100**g	櫛瓜 **100**g	芝麻菜 **50**g	法式芥末醬 **30**g	合計
熱量	**184** 大卡	**90** 大卡	**19** 大卡	**15** 大卡	**126** 大卡	**434** 大卡

煮藜麥時，一定要在水中加入鹽和橄欖油，這樣煮出的藜麥口感清爽，味道更佳。同時，加過鹽的水用來汆燙蔬菜，會使蔬菜的顏色更加鮮豔。

營養說明

藜麥原產於南美洲安第斯山脈，是印加土著居民的傳統食物，古印加人稱之為「糧食之母」。20 世紀 80 年代被美國太空總署用於作為太空人的太空食品，是聯合國糧農組織認定的唯一單體植物即可滿足人體基本需求的食物。

本食譜所用沙拉醬：法式芥末醬 026 頁

藜麥
鮭魚沙拉

高檔不昂貴，養眼又美味

25 分鐘　簡單

藜麥、鮭魚與酪梨，堪稱健身族群的三大聖食，價格雖高，但是營養也極高，美味更是不在話下。

材料

藜麥 **50**g／鮭魚 **100**g／酪梨 **80**g／蘿蔓萵苣 **50**g

配料

法式芥末醬 **30**g／現磨黑胡椒適量／鹽少許／橄欖油少許／新鮮檸檬汁數滴

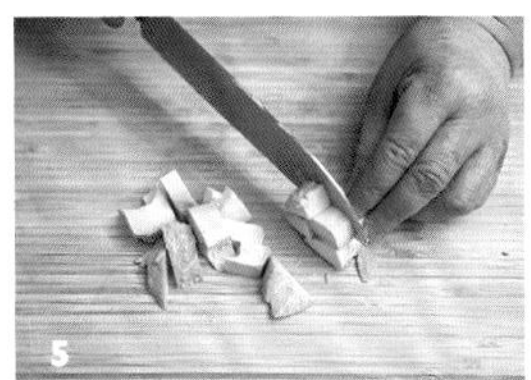

參考熱量

食材	藜麥 50g	鮭魚 100g	酪梨 80g
熱量	184 大卡	139 大卡	64 大卡
食材	蘿蔓萵苣 50g	法式芥末醬 30g	合計
熱量	17 大卡	126 大卡	530 大卡

做法

1. 小鍋加 500ml 水、幾滴橄欖油和少許鹽煮滾。
2. 藜麥洗淨瀝乾，放入滾水中小火煮 15 分鐘。
3. 將煮好的藜麥撈出，瀝乾水分，放入沙拉碗中備用。
4. 蘿蔓萵苣去除根部和老葉，淘洗乾淨，瀝去多餘水分，撕成一口大小。
5. 酪梨對半切開，去除果核，用湯匙挖出一半的果肉，切成 1cm 左右的小塊。
6. 在切好的酪梨丁上撒少許的鹽和現磨黑胡椒。
7. 鮭魚也切成與酪梨相同大小的塊狀，擠上幾滴新鮮的檸檬汁拌勻。
8. 將煮好的藜麥與酪梨、鮭魚塊和生菜一起放入沙拉碗拌勻，擠上法式芥末醬即可。

鮭魚肉質鮮嫩，切的時候切忌以下壓的方式來操作，而是應選用鋒利的廚師刀以來回劃動的手法切分，類似於「鋸」的動作。

營養說明

鮭魚中含有豐富的不飽和脂肪酸，能夠降低血脂和膽固醇，預防心血管疾病，並能健腦益智，預防老年癡呆和腦功能退化。

本食譜所用沙拉醬：法式芥末醬 026 頁

藜麥蘆筍全素沙拉

營養全面的素食典範

30 分鐘　簡單

特色

雖然是全素料理，但是僅藜麥一種食材就可以滿足人體的多種營養需求，更別提還加上多種健康的蔬菜了，能讓你的身體充滿能量！

材料

藜麥 **50**g／蘆筍 **100**g／青花菜 **100**g／胡蘿蔔 **50**g／冷凍玉米粒 **50**g／番茄 **50**g

配料

鹽少許／橄欖油少許／千島醬 **30**g

參考熱量

合計 **471** 大卡

做法

1. 小鍋加 500ml 水、幾滴橄欖油和少許鹽煮滾；藜麥洗淨瀝乾，放入滾水中，小火煮 15 分鐘。
2. 煮好的藜麥撈出瀝乾水分，放入沙拉碗中備用。
3. 蘆筍洗淨，切去老化的根部，斜切成 2cm 小段。
4. 青花菜洗淨，去梗，切分成適口的小朵。
5. 冷凍玉米粒用冷水沖去浮冰，瀝乾水分。
6. 胡蘿蔔洗淨去根切薄片，用蔬菜切模切出花朵狀。
7. 將蘆筍、青花菜、冷凍玉米粒和胡蘿蔔片一起放入煮滾的淡鹽水中，煮至水再次沸騰即可關火，撈出食材瀝乾水分，放涼。
8. 番茄去蒂洗淨，切成小塊，與汆燙過的蔬菜一起放入裝有藜麥的沙拉碗中拌勻，擠上千島醬即可。

TIPS

這道沙拉的食材不拘一格，但因為是全素沙拉，食材的處理應盡量以汆燙為主，能夠使口感更加清爽。可隨喜好，加入各種蕈菇和可以直接生食的食材。

營養說明

胡蘿蔔富含胡蘿蔔素、維生素、花青素、鈣、鐵等營養成分，經常食用可以有效降低膽固醇，預防心臟疾病和腫瘤。

本食譜所用沙拉醬：千島醬 024 頁

藜麥烤雞胸沙拉

大口吃肉照樣能減肥

60 分鐘　高級

特色

口感脆彈的藜麥，香嫩多汁的烤雞胸，白嫩鮮香的口蘑，充滿春意的蘆筍，這樣健康又美麗的搭配，怎麼能錯過？

材料

藜麥 **50**g／雞胸肉 **100**g／蘑菇 **100**g／蘆筍 **100**g

配料

橄欖油 **10**g／鹽少許／料理米酒 **1** 茶匙／現磨黑胡椒適量／經典美乃滋 **20**g

參考熱量

合計 **611** 大卡

本食譜所用沙拉醬：經典美乃滋 023 頁

做法

1. 將雞胸肉整塊洗淨瀝乾多餘水分，切成小塊，用 1 小匙料理米酒醃漬片刻；蘑菇去蒂洗淨切成小塊。烤箱預熱到 210℃。
2. 用錫箔紙將烤盤包好，淋上橄欖油，放入醃漬好的雞胸肉和蘑菇，用筷子翻一下，使兩面都沾有橄欖油，撒上適量的現磨黑胡椒，送入烤箱中層，以 210℃烤約 10 分鐘。
3. 取出烤盤，用筷子將雞肉翻面，加入蘑菇再撒上適量的現磨黑胡椒，繼續烘烤 5～8 分鐘，烤好後立即撒上少許鹽，打開烤箱門冷卻備用。
4. 小鍋加 500ml 水、幾滴橄欖油和少許鹽，煮滾，藜麥洗淨瀝乾，放入滾水中，小火煮 15 分鐘。
5. 煮好的藜麥撈出瀝乾水分，放入沙拉碗中備用。
6. 蘆筍洗淨去除老化根部，斜切成 2cm 小段，放入煮過藜麥的滾水中汆燙 1 分鐘後撈出，瀝乾水分。
7. 烤熟的雞胸肉冷卻後，切成厚 0.5cm 片狀。
8. 將煮好的藜麥、蘆筍，加入烤好的蘑菇一起拌勻，再將切好的雞胸肉整齊地擺放在上面，擠適量的經典美乃滋裝飾即可。

也可以事先將雞胸肉切成小塊，再進行後續的操作，這樣烘烤時間可以縮短至 **20** 分鐘。

特色 營養超級全面的藜麥，和「增肌之王」牛肉，配上清脆的洋蔥和健康的秋葵，解饞飽腹又沒有熱量負擔。

材料

藜麥 **50**g／牛肉 **100**g／洋蔥 **100**g／秋葵 **100**g

配料

鹽少許／橄欖油少許／料理米酒適量／乾山楂片少許／八角 **3** 顆／花椒 **3**g／蔥段適量／醬油 **1** 小匙／經典美乃滋 **20**g

參考熱量

合計 **515** 大卡

TIPS

煮牛肉時間較久，建議一次多煮一些，煮好放涼後，按每次食用分量切分，並用保鮮袋包好放入冷凍室，以便下次使用。如果使用壓力鍋來煮牛肉，大概需煮 **20** 分鐘即可。你也可以選擇市售已經滷好的醬牛肉來製作這道沙拉。

做法

1. 將牛肉洗淨，放入加了料理米酒的滾水中，大火煮 3 分鐘後撈出，瀝去多餘水分。
2. 另起一鍋，加入八角、花椒、蔥段和乾山楂片，煮滾後將汆燙過的牛肉放入，以最小火慢燉 1 小時後，加少許鹽和醬油，繼續燉 15 分鐘左右。
3. 撈出牛肉放涼後切成 1cm 見方小塊。
4. 小鍋加 500ml 水、幾滴橄欖油和少許鹽，煮滾；藜麥洗淨瀝乾，放入滾水中，小火煮 15 分鐘。
5. 撈出藜麥瀝乾，放入沙拉碗中。
6. 洋蔥去皮去根，切成小塊，加少許鹽醃漬片刻。
7. 秋葵洗淨，放入煮過藜麥的水中汆燙 1 分鐘後撈出，切去根部，然後切成 1cm 小段。
8. 將牛肉丁、洋蔥丁和秋葵丁一起放入裝有藜麥的沙拉碗中，擠上經典美乃滋即可。

1

2

3

4

5

6

7

8

本食譜所用沙拉醬：經典美乃滋 023 頁

第　二　章

繽紛搭配的主食沙拉

煎 出 來 的 噴 香 滋 味

35 分鐘　中等

特色 即使沒有烤箱，雞胸一樣可以做到香嫩多汁。少許橄欖油並不會增加太多熱量，卻能增加香氣，並提供適度的油脂攝取。

1

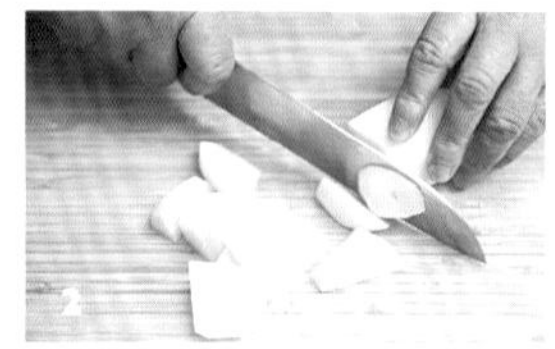
2

3

4

5

6

7

8

做法

1. 將雞胸肉從側面切開，切成薄薄的兩片，加 1 小匙料理米酒醃漬片刻。
2. 烤箱預熱至 180℃，馬鈴薯洗淨，去皮，滾刀切成一口大小的不規則馬鈴薯塊。
3. 將切好的馬鈴薯上放入深碗中，加入 5g 橄欖油和少許鹽、適量的黑胡椒，搖晃拌勻。
4. 烤盤鋪好錫箔紙，將馬鈴薯塊倒入，放入烤箱中上層烤 20 分鐘。
5. 不沾鍋燒熱，倒入 10g 橄欖油，將醃漬好的雞胸肉放入，煎至兩面略微金黃，撒少許鹽和現磨黑胡椒起鍋，放涼後沿短邊切成 1cm 寬的條狀。
6. 西洋芹去葉去根，斜切成 1cm 寬，放入煮滾的淡鹽水中氽燙 1 分鐘後撈出，瀝乾水分。
7. 聖女番茄去蒂洗淨，對半切開。
8. 將烤好的馬鈴薯塊、煎好的雞胸和西洋芹、聖女番茄一起放入沙拉碗中拌勻，擠上千島醬調味即可。

材料

馬鈴薯 **150**g／雞胸肉 **100**g／西洋芹 **100**g／聖女番茄 **50**g

配料

橄欖油 **5**g ＋ **10**g／料理米酒 **1** 小匙／現磨黑胡椒適量／鹽少許／千島醬 **30**g

參考熱量

食材	馬鈴薯 **150**g	雞胸肉 **100**g	西洋芹 **100**g	聖女番茄 **50**g
熱量	**116** 大卡	**133** 大卡	**16** 大卡	**23** 大卡
食材	橄欖油 **15**g	千島醬 **30**g	合計	
熱量	**132** 大卡	**142** 大卡	**562** 大卡	

TIPS

切好的馬鈴薯塊也可以放入保鮮袋中，再加入橄欖油和黑胡椒、鹽，紮緊袋口搖勻。

雞胸肉肉質細嫩，味道鮮美，含有豐富的蛋白質，且極易消化吸收，同時脂肪含量很低，是可常吃的健康肉類。

本食譜所用沙拉醬：千島醬 024 頁

烤南瓜牛肉沙拉

全 方 位 滿 足 你 的 嘴 和 胃

 40 分鐘　中等

南瓜經過烘烤後外香內嫩，佐以爆炒的黑胡椒牛肉，加上爽口的青花菜來平衡口感和營養，吃起來特別滿足，熱量卻極低。

材料

南瓜 **200**g／牛肉 **100**g／洋蔥 **50**g／青花菜 **50**g／胡蘿蔔 **50**g

配料

料理米酒 **1** 小匙／橄欖油 **10**g／鹽少許／現磨黑胡椒適量／黑胡椒醬 **30**g

參考熱量

食材	南瓜 200g	牛肉 100g	洋蔥 50g	青花菜 50g
熱量	46 大卡	106 大卡	20 大卡	18 大卡
食材	胡蘿蔔 50g	橄欖油 10g	黑胡椒醬 30g	合計
熱量	18 大卡	88 大卡	40 大卡	336 大卡

做法

1. 烤箱 180℃預熱；南瓜洗淨，切成小塊，撒上少許鹽和現磨黑胡椒。
2. 將南瓜放入烤盤中，送入烤箱中層，以 180℃烘烤約 25 分鐘。牛肉洗淨，切成 1.5cm 左右的小塊，以料理米酒醃漬 5 分鐘。
3. 洋蔥洗淨、去皮、去根，切成 2cm 左右的小塊。
4. 炒鍋燒熱加入橄欖油，將洋蔥放入，爆炒 1 分鐘後盛出，不要關火。
5. 放入醃漬好的牛肉，加適量的現磨黑胡椒，中火翻炒 2 分鐘左右，至牛肉熟透。
6. 青花菜去梗，切分成適口的小朵，放入淡鹽水中浸泡洗淨，瀝去水分；胡蘿蔔洗淨、去根，先立著對切後再斜切成薄片。
7. 將青花菜和胡蘿蔔放入煮滾的淡鹽水中，汆燙 1 分鐘後撈出，瀝乾水分。
8. 將烤好的南瓜、炒好的洋蔥和牛肉，以及青花菜和胡蘿蔔一起放入沙拉碗中，淋上黑胡椒醬即可。

TIPS

這道菜的南瓜可以根據個人口味選擇嫩南瓜或老南瓜，口感不同但都很適合。

營養說明

可別小看黑胡椒，它不僅可用來調味，還能驅風、健胃，對胃寒所致的胃腹冷痛、腸鳴腹瀉有很好的緩解作用，並能治療風寒感冒，是美味又具食療功效的調味品。

南瓜
烤雞胸沙拉

絢　麗　色　彩　點　亮　餐　桌

60 分鐘　高級

特色

甜甜的烤南瓜，橄欖油滋潤過的烤雞胸，配上五彩斑斕的蔬菜，色香味俱全，營養美味的同時，又不會讓熱量超標。

做法

1. 南瓜洗淨，切成小塊，放入盤中平鋪；蒸鍋燒開後放入南瓜，中火蒸 15 分鐘左右，用筷子可輕易插入即可；關火，放涼備用。
2. 烤箱 200℃預熱；雞胸肉洗淨，加少許料理米酒醃漬片刻；烤盤包裹錫箔紙，倒入橄欖油。
3. 雞胸肉放入烤盤，翻面，使兩面都沾有橄欖油，撒上適量現磨黑胡椒，放入烤箱中層，烘烤 15 分鐘左右。
4. 取出雞胸肉，用筷子輔助翻面（注意戴隔熱手套避免燙傷），在另一面也撒上適量的現磨黑胡椒，繼續烘烤 15 分鐘左右。打開烤箱檢查，用筷子插入後沒有血水即為熟透。趁熱撒上少許鹽，放涼備用。
5. 荷蘭豆洗淨去根，斜切成寬 1cm 左右的薄片，放入淡鹽水中汆燙 1 分鐘撈出，瀝乾備用。
6. 高麗菜洗淨切細絲；番茄去蒂洗淨，切半圓形薄片；放涼的雞胸肉切成一口大小。
7. 將蒸熟的南瓜、雞胸肉與荷蘭豆、高麗菜和番茄放入沙拉碗中，擠上千島醬裝飾調味即可。

1

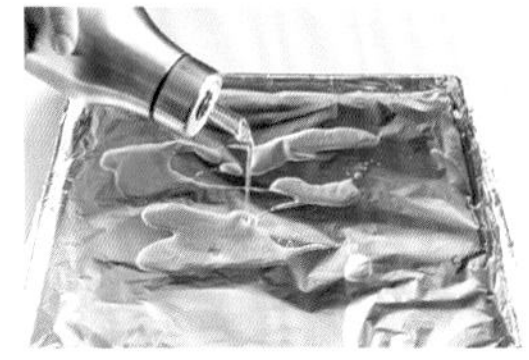

4

5

6

7

8

材料

老南瓜 **200**g／雞胸肉 **100**g／荷蘭豆 **50**g／高麗菜 **50**g／番茄 **50**g

配料

料理米酒 **1** 小匙／鹽少許／橄欖油 **10**g／現磨黑胡椒適量／千島醬 **30**g

參考熱量

食材	南瓜 200g	雞胸肉 100g	荷蘭豆 50g	高麗菜 50g
熱量	**46** 大卡	**133** 大卡	**16** 大卡	**12** 大卡
食材	番茄 50g	橄欖油 10g	千島醬 30g	合計
熱量	**10** 大卡	**88** 大卡	**142** 大卡	**447** 大卡

TIPS

雞胸肉整塊烘烤後再切開，雖然較費時，但是能保持雞肉中的水分不流失，口感才會更好。

荷蘭豆能益脾和胃、生津止渴，對脾胃虛弱、小腹脹滿、煩熱口渴等均有食療功效。

本食譜所用沙拉醬：千島醬 024 頁

嫩南瓜鮮蝦沙拉

盡享鮮美的春天氣息

20 分鐘　簡單

特色

香甜鮮美的嫩南瓜，與口感同樣鮮嫩的蝦仁，搭配色彩豐富的蔬菜和香脆的腰果，彷彿把整個春天都裝進了餐盤中。

材料

嫩南瓜 **200**g／明蝦 **100**g／西洋芹 **100**g／紫甘藍 **50**g／松子仁 **20**g

配料

鹽少許／千島醬 **30**g

參考熱量

合計 **446** 大卡

做法

1. 松子仁洗淨，用廚房紙巾吸乾水分。烤箱預熱 150℃。
2. 松子仁平攤在烤盤上，入烤箱中層烘烤 5 分鐘。
3. 南瓜洗淨，去蒂，切成小棱，再切成薄片。
4. 南瓜片放入煮滾的淡鹽水中，汆燙至水再次沸騰，撈出瀝乾。
5. 西洋芹去葉、去除根部，斜切成 0.5cm 的片，放入煮南瓜的水中汆燙 1 分鐘後撈出，瀝乾水分備用。
6. 明蝦去頭、去殼、挑去泥腸，洗淨，放入滾水中汆燙 1 分鐘後撈出，瀝乾水分備用。
7. 紫甘藍洗淨，切成細絲。
8. 將南瓜、蝦仁、西洋芹和紫甘藍放入沙拉碗中，淋上千島醬拌勻，撒上烤好的松子仁即可。

TIPS

如果買不到明蝦，市售的白蝦、草蝦也可以，或是買冷凍的蝦仁來代替。

本食譜所用沙拉醬：千島醬 024 頁

特色　成熟的南瓜口感甜甜粉粉，配上奶香濃郁的莫札瑞拉起司，與來自義大利的芝麻菜碰撞出美妙火花，口感新奇而又和諧。

起司南瓜沙拉

沉浸於香濃起司的滿足感

45 分鐘　中等

做法

1. 烤箱 180℃預熱；南瓜洗淨、去子，切成小塊。
2. 南瓜放入烤盤，撒上切碎的莫札瑞拉起司，入烤箱中層以 180℃烘烤 25 分鐘左右。
3. 玉米粒入滾水中汆燙 1 分鐘，撈出瀝乾。
4. 將香腸切成比玉米粒略大的小塊。
5. 芝麻菜洗淨，去根、去老葉，撕開後切成 3cm 左右的小段。
6. 將玉米粒、香腸粒、芝麻菜放入沙拉碗中，加少許鹽和適量的現磨黑胡椒拌勻。
7. 戴上隔熱手套，取出烤好的起司老南瓜，置於隔熱墊上放涼 2 分鐘，將步驟 6 拌好的沙拉倒在上面。
8. 擠上經典美乃滋裝飾並調味即可。

本食譜所用沙拉醬：經典美乃滋 023 頁

材料

老南瓜 **200**g ／冷凍玉米粒 **50**g ／莫札瑞拉起司 **50**g ／香腸 **50**g ／芝麻菜 **50**g

配料

經典美乃滋 **20**g ／鹽少許／現磨黑胡椒適量

參考熱量

合計 **567** 大卡

TIPS

1. 所謂「嫩南瓜」或「老南瓜」並非品種之分，而是指成熟程度的不同。購買時向店家諮詢，以符合相應的烹飪及口感需求。
2. 南瓜皮也極富營養，只要洗淨就可以食用。如果實在不喜歡南瓜皮的口感，可以先去皮後再進行下一步操作。

紫薯花生沙拉球

香香甜甜，視覺與味覺的雙重饗宴

30 分鐘　中等

特色 姊妹們的聚會總是要有茶點相伴，試試這款紫薯製作的漂亮沙拉，好吃又簡單，還能得到姊妹淘的稱讚呢！

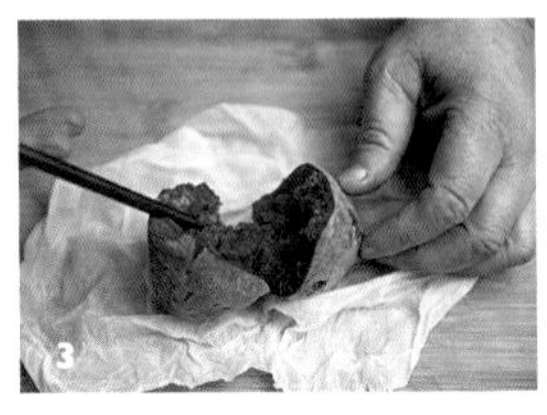

做法

1. 紫薯洗淨外皮的泥土，用廚房紙巾包裹一層，並將紙巾打濕。
2. 將包裹好的紫薯放入微波爐，大火加熱 6 分鐘。
3. 取出紫薯，撕去紙巾，並用筷子從中間搗開散熱。
4. 冷卻後的紫薯撕去外皮，加入牛奶，攪拌成可以捏成球不開裂的狀態即可。

5. 取約 25g 的紫薯泥，在手掌上團成球，壓扁，放上 1 小匙花生醬。
6. 將紫薯泥像包包子一樣捏起，收口，輕輕地滾圓。
7. 將紫薯花生糰放在沙拉盤中，在最上方點綴一顆榛果。
8. 淋上低脂優格醬後，再點綴新鮮的薄荷葉子即可。

材料

紫薯 **150**g／花生醬 **50**g／榛果 **6** 顆

配料

牛奶 **30**ml／低脂優格醬 **50**g／新鮮薄荷葉適量

參考熱量

食材	紫薯 **150**g	花生 **50**g	榛子仁 **6**（**10**g）
熱量	**105** 大卡	**300** 大卡	**61** 大卡
食材	牛奶 **30**ml	低脂酸奶 **50**g	合計
熱量	**16** 大卡	**44** 大卡	**526** 大卡

TIPS

市售花生醬分為「柔滑型」和「顆粒型」兩種，可以依據個人口味選擇。

營養說明

以花生為材料製作的花生醬，不僅口感細膩，香濃無比，還具有健脾胃、補元氣、潤肺化痰、止血生乳等功效。

本食譜所用沙拉醬：低脂優格醬 027 頁

紫薯水果沙拉

給自己一份甜蜜的輕點心

25 分鐘　簡單

特色

紫薯飽腹又潤腸，顏色也非常漂亮，最適合減脂期的女性做為主食。根據自己的喜好，加上豐盛的多種水果，吃得過癮又健康。

材料

紫薯 **150**g／火龍果 **50**g／草莓 **50**g／蘋果 **50**g／柳橙 **50**g

配料

牛奶 **30**ml／低脂優格醬 **100**g／即食綜合脆麥片 **25**g

參考熱量

合計 **431** 大卡

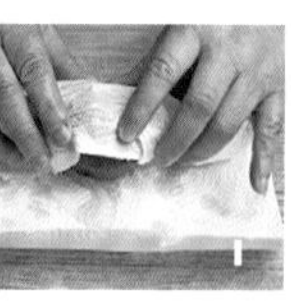

做法

1. 紫薯洗淨外皮的泥土，用廚房紙巾包裹一層，並將紙巾打濕。
2. 將包裹好的紫薯放入微波爐，高火加熱 6 分鐘。
3. 取出紫薯，撕去紙巾，用筷子從中間搗開散熱。
4. 冷卻後的紫薯撕去外皮，加入牛奶，攪拌成可以捏成球不開裂的狀態即可。
5. 將紫薯泥擀成 1cm 厚，用心形切模整形後放入盤中。
6. 火龍果從中間切開，用挖球器挖成球狀；蘋果洗淨，對半切開，也挖成蘋果球。
7. 草莓洗淨，對半切開；柳橙去皮去籽，切成小塊。
8. 將切好的水果擺放在心形紫薯泥上，淋上低脂優格醬，撒上即食綜合脆麥片即可。

TIPS

1. 傳統加熱紫薯的方法是蒸或煮，其實用微波爐加熱非常方便，包裹紙巾是為了在加熱過程中防止紫薯內的水分過度流失。如果一次加熱較多分量的紫薯，可以 **5** 分鐘為一個時段，打開為紙巾加水後再繼續加熱。
2. 如果沒有心形模具，也可用手將紫薯泥團成小球，一樣很可愛。

本食譜所用沙拉醬：低脂優格醬 027 頁

紫薯肉鬆沙拉

甜鹹混搭碰撞出奇妙滋味

15 分鐘　簡單

特色

甜甜的紫薯、鹹香的肉鬆、脆嫩爽口的黃瓜和玉米，誰能料到它們組合在一起，口感竟能如此和諧而美妙呢？

材料

紫薯 **150**g ／肉鬆 **30**g ／黃瓜 **100**g ／冷凍玉米粒 **50**g

配料

經典美乃滋 **20**g

參考熱量

合計 **439** 大卡

本食譜所用沙拉醬：經典美乃滋 023 頁

做法

1. 紫薯洗淨外皮的泥土，用廚房紙巾包裹一層，並將紙巾打濕。
2. 將包裹好的紫薯放入微波爐，大火加熱 6 分鐘。
3. 取出紫薯，撕去紙巾，散熱備用。
4. 將散熱後的紫薯去除兩端纖維較多的部分，並撕去外皮。
5. 黃瓜洗淨，去頭去尾，切成邊長 1cm 左右的小塊。
6. 將紫薯切成比黃瓜略大的小塊。
7. 冷凍玉米粒去冰屑，放入滾水中汆燙 1 分鐘撈出，瀝乾水分。
8. 將紫薯粒、黃瓜粒、玉米粒放入沙拉盤中整齊地擺好，撒上肉鬆，擠上經典美乃滋即可。

TIPS

紫薯的外皮也具有一定營養價值，如果想連皮食用，清洗工作一定要仔細做足，並將有坑疤的部分挖除。

紫薯鳳梨里脊沙拉

多層次的味覺體驗

45 分鐘　高級

特色

靈感來自鳳梨咕咾肉，用沙拉的形式重新演繹，搭配營養豐富的紫薯和紫甘藍，大膽創新，營養加倍。

材料

紫薯 **150**g／里脊肉 **100**g／鳳梨 **100**g／紫甘藍 **50**g

配料

料理米酒 **1** 小匙／鹽少許／十三香少許／雞蛋 **1** 顆／麵粉 **15**g／花生油 **500**g（實用 **15**g）／糖醋醬 **30**g

參考熱量

合計 **576** 大卡

做法

1. 鳳梨切小塊，用淡鹽水浸泡 15 分鐘左右。
2. 里脊肉切成粗約 1cm，長約 3cm 的小條，加料理米酒、鹽醃漬片刻。
3. 麵粉放入小碗，加雞蛋和少許鹽、十三香攪勻成糊狀；將醃好的里脊條放入麵糊中均勻地包裹。
4. 花生油燒至七分熱，保持中小火，放入裹好麵糊的里脊條，炸至淡淡金黃色撈出，吸去多餘油分。
5. 紫薯洗淨外皮的泥土，用廚房紙巾包裹一層，並將紙巾打濕。
6. 將包裹好的紫薯放入微波爐，大火加熱 6 分鐘，取出放涼後去除纖維較多的兩端，切成一口大小。
7. 紫甘藍洗淨，切成細絲。
8. 將紫薯塊、紫甘藍絲、里脊條和鳳梨塊放入沙拉碗中拌勻，淋上糖醋醬即可。

TIPS

如果喜歡炸里脊有非常酥脆的口感，可以分兩次油炸：第一次顏色稍微發黃即可撈出，稍微冷卻後再回鍋炸至金黃色。也可以一次多炸一些，放入冰箱冷凍，再次使用時只需要解凍後再回鍋油炸即可。

本食譜所用沙拉醬：糖醋醬 030 頁

特色 紫薯的口感非常綿軟，與脆雞塊搭配在一起，口感奇妙又別出心裁。配上一點綠色蔬菜來平衡口感和營養，整道沙拉也立刻變成了視覺享受。

紫薯脆雞腿沙拉

健康美味一碗兼得

45 分鐘　高級

材料

紫薯 **150**g／雞腿 **1** 隻（可食部分約 **100**g）／西生菜 **50**g／菊苣 **30**g

配料

料理米酒 **1** 小匙／鹽少許／現磨黑胡椒適量／雞蛋 **1** 顆／玉米粉 **10**g／麵包粉 **10**g／花生油 **500**g（實用 **15**g）／千島醬 **30**g

參考熱量

合計 **645** 大卡

本食譜所用沙拉醬：千島醬 024 頁

做法

1. 將雞腿去骨切成小塊，加 1 小匙料理米酒、少許鹽和現磨黑胡椒醃漬片刻。
2. 紫薯洗淨外皮的泥土，用廚房紙巾包裹一層，並將紙巾打濕。放入微波爐大火加熱 6 分鐘。
3. 在醃好的雞腿肉上撒上玉米粉，搖晃翻勻，至全部沾上為止。
4. 雞蛋打散，將雞肉塊裹勻蛋液，再沾滿麵包粉。
5. 花生油燒至七分熱，放入雞塊，保持中小火，炸至雞塊呈淡淡的金黃色，撈出瀝油，放在鋪了廚房紙巾的餐盤上備用。
6. 將熟透的紫薯去除兩端纖維較多的部分後切成小塊；西生菜洗淨切成小塊。菊苣挑洗淨切段。
7. 將炸雞腿塊、紫薯塊、菊苣和西生菜放入沙拉碗中拌勻，擠上千島醬即可。

1

2

3

4

5

6

7

8

TIPS

如果覺得雞腿肉去骨太麻煩，也可以選用雞胸肉來製作，沒有雞皮雖令口感稍有欠缺，但是熱量卻能降低不少。

玉米
鮭魚沙拉

鮭魚沙西米，飽足又減脂

15 分鐘　簡單

鮭魚是非常棒的食材，營養價值高，熱量卻極低。但是小小一碟刺身吃不飽怎麼辦？不妨加入各色蔬菜，做一份高級的鮭魚沙拉吧，保證吃得你超滿足！

做法

1. 新鮮鮭魚肉切成邊長 1cm 左右的小塊，擠上幾滴檸檬汁。
2. 玉米粒洗去冰屑，放入滾水中汆燙 1 分鐘，撈出瀝乾水分備用。
3. 紫甘藍洗淨，切成細絲，放入開水中浸泡備用。
4. 酪梨對半切開，去除果核。

5. 用小刀在一半的酪梨上劃出方格紋路。
6. 用湯匙緊貼酪梨皮，將果肉粒挖出，放入沙拉碗中，淋上少許薄鹽醬油，撒上適量的現磨黑胡椒。
7. 將少許青芥末和薄鹽醬油調勻成醬汁。
8. 撈出紫甘藍絲，瀝乾，放入沙拉碗，加入鮭魚粒和玉米粒，淋上步驟 7 的醬汁拌勻，再擠上經典美乃滋即可。

材料

冷凍玉米粒 **100**g／鮭魚 **100**g／紫甘藍 **100**g／酪梨 **80**g

配料

現磨黑胡椒適量／新鮮檸檬汁幾滴／青芥末少許／薄鹽醬油 **2** 大匙／經典美乃滋 **20**g

參考熱量

食材	冷凍玉米粒 **100**g	鮭魚 **100**g	紫甘藍 **100**g
熱量	**118** 大卡	**139** 大卡	**25** 大卡
食材	酪梨 **80**g	經典美乃滋 **20**g	合計
熱量	**64** 大卡	**140** 大卡	**486** 大卡

TIPS

1. 如果沒有薄鹽醬油，可用一般醬油代替。
2. 購買鮭魚時盡量購買鮭魚中段，肉質最好。

營養說明

紫甘藍所含有的維生素和鈣、磷、鐵等礦物質均高於一般的結球甘藍（高麗菜），並含有蛋白質、膳食纖維等多種營養元素，營養非常豐富。

本食譜所用沙拉醬：經典美乃滋 023 頁

玉米北寄貝沙拉

清爽鮮美的海洋饋贈

25 分鐘　簡單

特色

五彩斑斕的蔬菜丁之間，粉紅色的北寄貝若隱若現，好像裝滿了珍寶的藏寶箱，開啟你健康美味的新生活！

材料

冷凍玉米粒 **100**g／北寄貝 **100**g／荷蘭豆 **100**g／胡蘿蔔 **50**g

配料

鹽少許／青芥末少許／薄鹽醬油 **2** 大匙／千島醬 **15**g

參考熱量

合計 **358** 大卡

做法

1. 北寄貝提前從冷凍室拿出，室溫解凍。
2. 胡蘿蔔洗淨，用刨絲器刨成細絲，放入冷開水中浸泡備用。
3. 荷蘭豆洗淨，去除頭尾。
4. 燒開一小鍋水，加入少許鹽，將荷蘭豆放入，汆燙 1 分鐘，撈出瀝乾水分放涼備用。
5. 將冷凍玉米粒洗去冰屑，放入汆燙荷蘭豆的水中，燙 1 分鐘，撈出瀝乾水分，放入沙拉碗中。
6. 將放涼的荷蘭豆斜切成段。
7. 將少許青芥末和薄鹽醬油混合調勻。
8. 將荷蘭豆、胡蘿蔔絲、玉米粒和北寄貝一起放入沙拉碗中，淋上步驟 7 的調味料，再擠上千島醬即可。

本食譜所用沙拉醬：千島醬 024 頁

TIPS

1. 胡蘿蔔絲刨好後放入冷開水中是為了使口感更加水嫩、鮮脆，此步驟很重要，千萬不可忽略。
2. 北寄貝也可提前一晚從冷凍室移到冷藏室，低溫解凍，口感更好，也能避免室溫解凍使細菌過度滋生。

玉米火腿沙拉

熱鬧而簡單的快速沙拉

25 分鐘　簡單

特色

各種顏色的食材統統切成小塊，滿滿一大碗，看著美麗，吃得健康，快手沙拉非它莫屬。

材料

冷凍玉米粒 **100**g／無澱粉火腿 **100**g／西洋芹 **100**g／蘆筍 **50**g／聖女番茄 **50**g

配料

鹽少許／千島醬 **30**g

參考熱量

合計 **466** 大卡

TIPS

挑洗西洋芹葉子時，可以順著纖維的方向向下順勢撕開，這樣可以將西洋芹老化的纖維去除，口感更清脆。

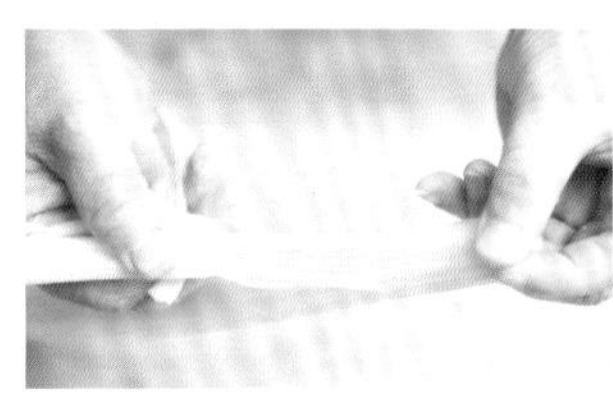

本食譜所用沙拉醬：千島醬 024 頁

做法

1. 西洋芹洗淨，去葉，去根部。
2. 將洗淨的西洋芹先用小刀順著纖維劃成小條，再切成碎粒。
3. 冷凍玉米粒放入淡鹽水中汆燙 1 分鐘，撈出瀝乾。
4. 西洋芹粒入滾水中，中火汆燙 1 分鐘，撈出瀝乾。
5. 蘆筍洗淨，切去老化的根部後切成小塊，放入步驟 4 剩餘的淡鹽水中汆燙 1 分鐘，撈出瀝乾備用。
6. 無澱粉火腿切成比玉米粒稍大一點的火腿塊。
7. 聖女番茄去蒂，洗淨，切成 4 瓣。
8. 將西洋芹粒、玉米粒、蘆筍粒、火腿粒和聖女番茄一起放入沙拉碗，拌勻後擠上千島醬即可。

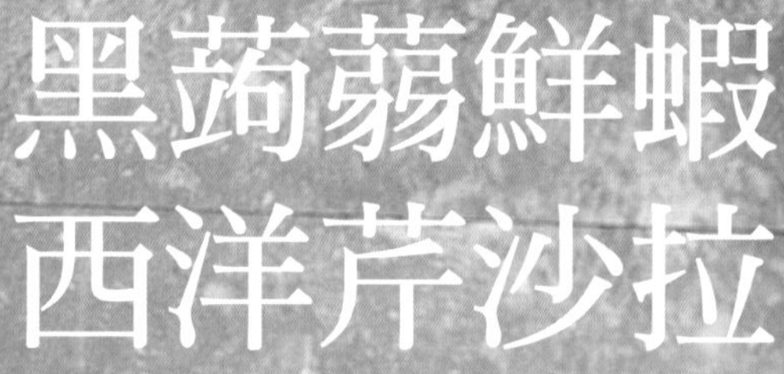

黑蒟蒻鮮蝦西洋芹沙拉

越 吃 越 瘦 的 祕 密

15 分鐘　簡單

特色 黑蒟蒻是非常具飽足感、熱量又低的神奇食物之一。西洋芹與蝦仁同樣也是熱量極低的食材，放心地吃，吃到撐也不會發胖！

1

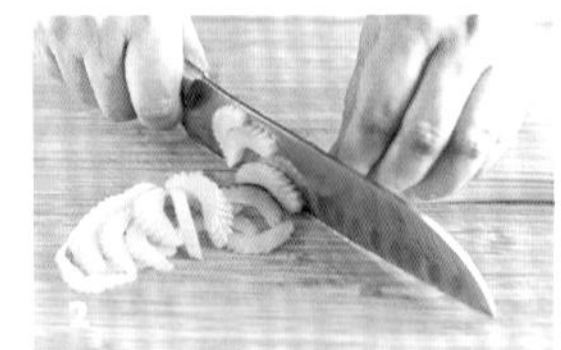
2

3

4

5

6

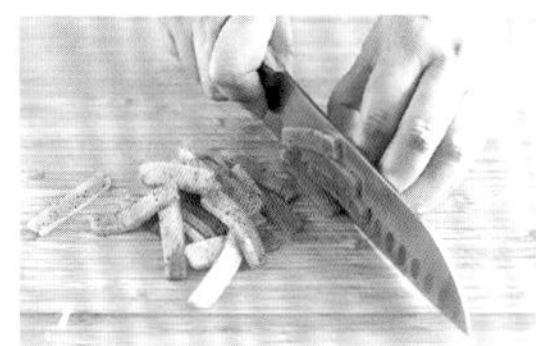
7

8

做法

1. 明蝦去頭去尾，去除泥腸沖洗乾淨，瀝乾水分。
2. 西洋芹挑去葉子，切去根部，洗淨瀝乾水分後斜切成薄片。
3. 燒一鍋清水，加入 1 小匙鹽。
4. 水燒開後先將蝦仁放入，汆燙至蝦仁變紅即可撈出。
5. 接著把切好的芹菜片放入，汆燙至水再次沸騰後即可撈出。
6. 將燙好的蝦仁和芹菜放入沙拉碗中，加入 1 小匙鹽和 10g 橄欖油拌勻，稍微醃漬 2 分鐘。
7. 黑蒟蒻洗淨，切成適口的小長條。
8. 將黑蒟蒻、蝦仁、芹菜放入沙拉盆內，拌勻後裝盤，在上面淋上千島醬即可。

材料

黑蒟蒻 **250**g／明蝦 **100**g（可食部分）／西洋芹 **100**g

配料

鹽 **2** 小匙／橄欖油 **10**g／千島醬 **30**g

參考熱量

食材	黑蒟蒻 **250**g	明蝦 **100**g	西洋芹 **100**g
熱量	**15** 大卡	**85** 大卡	**16** 大卡
食材	橄欖油 **10**g	千島醬 **30**g	合計
熱量	**88** 大卡	**142** 大卡	**346** 大卡

TIPS

黑蒟蒻在超市賣豆製品的冷藏櫃可以找到，也可以購買黑蒟蒻粉在家自製。如果沒有黑蒟蒻，也能用袋裝蒟蒻來代替。

營養說明

黑蒟蒻是由蒟蒻的塊莖磨粉製成，富含膳食纖維，可延緩消化道對葡萄糖和脂肪的吸收，從而有效防治高血糖、高血脂類疾病的發生。

本食譜所用沙拉醬：千島醬 024 頁

蒟蒻厚蛋菠菜沙拉

厚蛋燒的小魔力

30 分鐘　中等

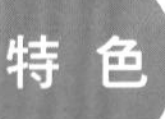

特色

日式的厚蛋燒（玉子燒），用油量介於煎蛋和白煮蛋之間，油脂攝取適量。切面呈現一圈圈紋理，能讓普通的食材瞬間妙趣橫生。

材料

蒟蒻絲結 **200**g／雞蛋 **2** 個／菠菜 **200**g

配料

鹽 **2** 小匙／花生油 **10**g／義式油醋汁 **40**g／千島醬 **15**g

參考熱量

合計 **460** 大卡

做法

1. 雞蛋放入小碗中打散，加入 1 小匙鹽，攪拌均勻。
2. 厚蛋燒專用鍋燒熱，加入 10g 花生油，再加入一部分蛋液，以能全部蓋住鍋底即可，保持小火加熱。
3. 待蛋液大致凝固後，用鏟子從一邊將蛋皮捲起，捲到尾部後再繼續添加蛋液。
4. 待第二層蛋液大致凝固後，將位於一邊的蛋卷再捲回來，如此往復，直至用完所有蛋液。
5. 做好的厚蛋燒卷放涼後，切成 1cm 的厚蛋燒片。
6. 蒟蒻絲結去除包裝，瀝乾包裝內的水分，沖洗兩遍瀝乾水分備用；菠菜去根洗淨，切成小段。
7. 燒一鍋清水，加入 1 小匙鹽。將菠菜段和蒟蒻絲一併放入，汆燙至水再次沸騰後立刻撈出。
8. 將燙好的菠菜和蒟蒻絲結放入沙拉碗中，加義式油醋醬拌勻，再加入厚蛋燒，淋上千島醬即可。

本食譜所用沙拉醬：義式油醋醬 028 頁
千島醬 024 頁

TIPS

厚蛋燒專用鍋為長方形，也可用較小的平底不沾鍋代替。在製作厚蛋燒時，可以加入蔥花、胡蘿蔔碎等自己喜愛的食材，做出的厚蛋燒切面會更加鮮豔，營養也更豐富。

特色

早餐剩下的一根油條也能變成健康的沙拉食材，只要加點巧思，新奇的美味就會層出不窮地冒出來，永遠沒有盡頭。

做法

1. 小鍋加入 250g 花生油，燒至七分熱；油條切成 1.5cm 左右的小塊。
2. 將油條丁放入油鍋中，炸至略微變硬立刻關火撈出，瀝乾油分備用。
3. 黃瓜洗淨，切成 1cm 小塊。
4. 蓮藕去皮洗淨，切成 1cm 小塊。
5. 燒一鍋清水，加入 1 小匙鹽；水滾後放入蓮藕丁，煮至水再次沸騰後小火煮 1 分鐘，撈出瀝乾水分備用。
6. 黑蒟蒻洗淨，切成 1.5cm 小塊。
7. 將黑蒟蒻、蓮藕丁、黃瓜丁一併放入沙拉盆，加入 1 小匙鹽和白砂糖及香醋，拌勻。
8. 將炸好的油條丁撒進去，稍微翻拌均勻即可。

材料

黑蒟蒻 **200**g／黃瓜 **100**g／蓮藕 **100**g／油條 **30**g

配料

鹽 **2** 小匙／花生油 **250**g（實用 **10**g 左右）／香醋 **10**g／白砂糖 **15**g

參考熱量

合計 **363** 大卡

TIPS

油條也可用沒吃完的饅頭和吐司來代替，只要切成小塊炸得金黃酥脆就可以了。

鷹嘴豆德式沙拉

品 嚐 日 耳 曼 異 國 風 味

1 晚＋ 30 分鐘　中等

特色 奇妙如鷹嘴般的小小豆子，卻蘊含了豐富的營養。配上噴香的德國香腸、水嫩的小蘿蔔，再點綴具有極濃芝麻香氣的菜葉，就是一份超級美味又養眼的德式沙拉。

材料

鷹嘴豆 **50**g／櫻桃蘿蔔 **100**g／芝麻菜 **100**g／德國香腸 **100**g

配料

義式油醋醬 **40**g

參考熱量

食材	鷹嘴豆 **50**g	櫻桃蘿蔔 **100**g	芝麻菜 **100**g
熱量	**158** 大卡	**21** 大卡	**25** 大卡
食材	德國香腸 **100**g	義式油醋醬 **40**g	合計
熱量	**190** 大卡	**66** 大卡	**460** 大卡

做法

1. 鷹嘴豆用清水沖洗乾淨，用清水浸泡過夜。
2. 鍋中加入淹過豆子體積 3 倍的清水，將浸泡好的鷹嘴豆撈出，放入鍋中，大火煮滾後轉小火煮 10 分鐘。
3. 將煮好的鷹嘴豆撈出瀝乾，放入沙拉碗中。
4. 取平底鍋加熱，放入德國香腸，邊煎邊轉動，直至外皮略呈金黃色，內部熟透，放涼備用。
5. 櫻桃蘿蔔洗淨，瀝乾水分，蘿蔔纓棄用，將蘿蔔切成 0.1cm 極薄的圓形小片。
6. 芝麻菜洗淨，去除老葉和根部，切成 3cm 左右的小段。
7. 將煎好的德國香腸切成厚約 0.5cm，半圓形的薄片。
8. 將鷹嘴豆、德國香腸、櫻桃蘿蔔和芝麻菜一併放入沙拉碗中，淋上義式油醋醬即可。

TIPS

1. 櫻桃蘿蔔要切得夠薄，具有透明感，才會好看，也更容易入味。
2. 除了乾鷹嘴豆，也可以直接使用即食的鷹嘴豆罐頭來製作。

鷹嘴豆含有豐富的植物蛋白質、膳食纖維、維生素和多種微量元素，在補血、補鈣等方面作用明顯，是貧血患者、生長期的青少年的極佳食品。

本食譜所用沙拉醬：義式油醋醬 028 頁

脆山藥鴨胸沙拉

沙拉也可以很滋補

35 分鐘　中等

特色

脆脆的山藥鹹中帶甜，與略帶甜味的鴨胸有著異曲同工之妙。再來一點鮮翠的荷蘭豆，看似隨意的搭配，卻呈現出與眾不同的和諧創意。

材料

山藥 **200**g／烤鴨胸肉 **100**g／荷蘭豆 **100**g

配料

鹽 **2** 小匙／橄欖油 **10**g／蔥 **30**g／香醋 **15**g／法式芥末醬 **30**g

參考熱量

合計 **521** 大卡

本食譜所用沙拉醬：法式芥末醬 026 頁

做法

1. 山藥洗淨削皮，斜切成 0.2cm 左右的薄片。
2. 蔥洗淨去根，斜切成蔥片。
3. 炒鍋燒熱，加入橄欖油，放入蔥片爆香。
4. 加入山藥、1 小匙鹽和香醋，大火翻炒 1 分鐘，加入一大碗清水，煮至沸騰後轉小火煮 3 分鐘，關火後撈出山藥放入沙拉盆，倒掉菜湯。
5. 荷蘭豆去筋，沖洗乾淨。
6. 小鍋加清水和 1 小匙鹽，煮至沸騰後放入荷蘭豆，汆燙 1 分鐘後撈出，瀝乾水分。
7. 烤鴨胸肉切薄片。
8. 將荷蘭豆和鴨胸一併放入沙拉碗中，淋上法式芥末醬即可。

1

2

3

4

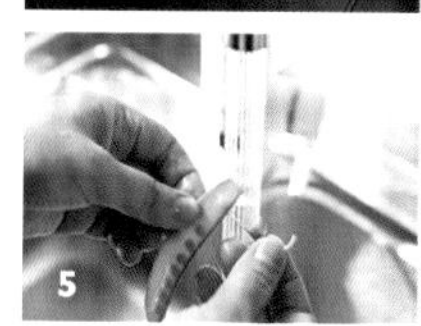
5

6

7

TIPS

1. 烤鴨胸指的是熟食店或超市熟食貨櫃專門販售的烤鴨胸脯肉，呈方塊條狀。如果使用的是北京烤鴨，本身沒有味道，也可以將法式芥末醬調整為甜麵醬，做出另一種口味的沙拉。
2. 山藥本身在炒製過程中會出現黏液，為避免黏鍋，加入的清水一定要足夠，並不時翻拌。
3. 如果不喜歡蔥的味道，可以在爆香完成後、山藥入鍋前將蔥撈出，即可得到清爽潔白的炒山藥。

第三章

超澎湃的三明治

酪梨
超厚三明治

簡　單　，　超　厚　，　大　滿　足

20 分鐘　簡單

超厚三明治近年來非常流行，兩片吐司夾裹著滿滿的食材，一口咬下的滿足感簡直無法用言語形容，只有吃過的人才懂那種幸福。

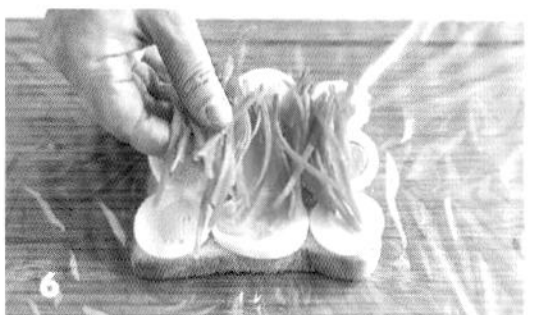

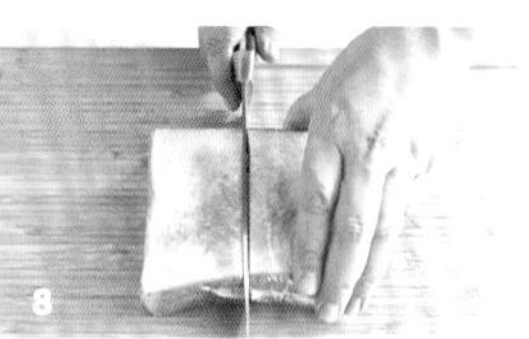

做法

1. 雞蛋放入清水中煮熟，過兩遍涼水浸泡冷卻，剝殼後用切蛋器切成片。
2. 胡蘿蔔洗淨，用刨絲器刨成細絲，放入開水中浸泡。
3. 酪梨從中間切開，去除果核，用湯匙緊貼果皮將酪梨挖出，將取出的果肉放在砧板上，切成薄片，盡量保持整齊的形狀。
4. 吐司放入吐司機中，中火加熱。
5. 裁出一張上下左右都至少大於吐司 1 倍的保鮮膜，將烤好的其中 1 片吐司擺放在保鮮膜上。
6. 先鋪上切好的雞蛋片，再整齊排放上胡蘿蔔絲，擠上千島醬。
7. 將切好的半個酪梨放上，輕壓使切片散開，撒上少許鹽和現磨黑胡椒，蓋上另外 1 片吐司。
8. 將四周的保鮮膜把吐司緊緊包裹起來，從中間切開，切口朝上擺入盤中，即成為非常漂亮的三明治。

材料

吐司 **2** 片／酪梨 **80**g／雞蛋 **1** 個／胡蘿蔔 **50**g

配料

鹽少許／現磨黑胡椒適量／千島醬 **15**g

參考熱量

食材	吐司 **2** 片	酪梨 **80**g	雞蛋 **1** 顆
熱量	**200** 大卡	**64** 大卡	**72** 大卡
食材	胡蘿蔔 **50**g	千島醬 **15**g	合計
熱量	**18** 大卡	**71** 大卡	**425** 大卡

TIPS

製作超厚三明治，想要切面漂亮的訣竅有三個：

1. 食材排放整齊，盡量鋪滿吐司但是不超過邊際。
2. 保鮮膜一定要包裹得夠緊。
3. 刀要夠鋒利，如果有條件，最好選用大品牌帶鋸齒的專業吐司刀。

雞蛋中蛋白質的胺基酸組成與人體組織蛋白質最為接近，因此吸收率高。此外，蛋黃還含有卵磷脂、維生素和礦物質等，這些營養素有助於增進神經系統的功能，能健腦益智，防止老年人記憶力衰退。

本食譜所用沙拉醬：千島醬 024 頁

法式起司生火腿三明治

品　味　法　蘭　西　的　味　道

15 分鐘　簡單

特色 卡門貝爾起司口感清淡，奶香濃郁，與同樣來自法國的長棍麵包和法式生火腿搭配，製作一份法式風情的浪漫三明治就是這麼簡單。

1

2

3

4

5

6

7

8

材料

法棍 **80**g／法式拜雍火腿 **50**g／酪梨 **80**g／卡門貝爾起司 **30**g／菊苣 **30**g

配料

現磨黑胡椒適量／義式油醋醬 **20**g

參考熱量

食材	法棍 80g	拜雍火腿 50g	酪梨 80g	卡門貝爾起司 30g
熱量	190 大卡	129 大卡	64 大卡	92 大卡
食材	菊苣 30g	義式油醋醬 20g	合計	
熱量	9 大卡	33 大卡	517 大卡	

做法

1. 法棍切去頭尾，只用中段。
2. 從側面中間剖開，不要完全剖斷，留約 1cm 的連接處。
3. 酪梨對半切開，去除果核。
4. 用湯匙緊貼果皮將果肉取出。
5. 將酪梨放在砧板上，切成薄片。
6. 取卡門貝爾起司，切成薄片。
7. 菊苣洗淨，去根，去老葉，撕碎。
8. 將切好的法棍打開，依序鋪上起司片、拜雍火腿片、酪梨片，撒上適量的黑胡椒，再擺放上菊苣，淋上義式油醋醬，蓋好即可。

本食譜所用沙拉醬：義式油醋醬 028 頁

TIPS

新鮮出爐的法棍外表酥脆，內裡鮮軟，如果沒有趕上剛出爐的最佳時間，可以將法棍放入烤箱中，以 **160**℃左右的溫度烘烤 **5** 分鐘，即可恢復酥脆口感。

位於法西邊境的阿杜爾河盆地（L'Adour）是拜雍火腿（Jambon de Bayonne）的法定產地，豬隻只用玉米飼養，製成火腿需醃製一年之久，肉質柔軟而不油膩，富含鋅、鐵、鈉等營養素。

煎米餅 肉鬆三明治

給剩飯一點不同的滋味

30 分鐘　中等

做法

1. 將米飯用筷子和湯匙撥散，不要有結塊。
2. 胡蘿蔔洗淨，切去根部，切成小塊。
3. 將胡蘿蔔塊放入切碎機中切成碎粒。
4. 將胡蘿蔔粒放入米飯中，打入 1 顆雞蛋，加少許鹽拌勻。
5. 平底不沾鍋燒熱，加入花生油，將步驟 3 的米飯用湯匙輔助，煎成兩個厚約 1cm 的圓餅，兩面都要煎至金黃色。
6. 櫛瓜洗淨，切去根部，再切成圓形的薄片。
7. 櫛瓜片放入淡鹽水中汆燙 1 分鐘後撈出瀝乾。
8. 取一塊步驟 5 的米餅，平鋪燙好的櫛瓜片，撒上豬肉鬆，淋上塔塔醬，再蓋上另一塊米餅即可。

特色

剩餘的米飯並非只能拿來做蛋炒飯，稍微花點心思，就能變身成特別的米餅。不需要太多時間，也不需要複雜的食材，卻能為餐桌增添一份驚喜。

材料

米飯 **150**g ／豬肉鬆 **30**g ／櫛瓜 **150**g ／胡蘿蔔 **50**g ／雞蛋 **1** 顆

配料

花生油 **10**g ／鹽少許／塔塔醬 **20**g

參考熱量

合計 **598** 大卡

TIPS

1. 米飯最好選用隔夜的剩飯，但是保存剩飯時一定要蓋好保鮮膜再放入冰箱冷藏，使用時提前半小時從冰箱拿出回溫。
2. 除了豬肉鬆之外，牛肉鬆、魚鬆也是不錯的選擇。

本食譜所用沙拉醬：塔塔醬 025 頁

特色 榨豆漿剩下的豆渣，扔掉覺得浪費，吃起來又難以下嚥，那就把它煎成豆渣餅吧！做多了也沒關係，冷凍在冰箱裡就是外面買不到的美味食材呢！

煎豆餅 培根三明治

豆渣大變身，驚喜的滋味

35 分鐘　中等

做法

1. 豆渣加少許鹽、蔥花，打入 1 顆雞蛋，攪拌均勻。
2. 平底不沾鍋燒熱，加入花生油。
3. 用湯匙輔助，將步驟 1 的豆渣煎成兩個厚約 1cm 的圓餅，兩面都要煎至金黃色。
4. 培根放入平底不沾鍋，煎至兩面熟透，撒上適量的現磨黑胡椒。
5. 黃瓜洗淨，切去根部，斜切成薄片。
6. 菊苣洗淨，去除老葉和根部，切成 3cm 左右的段。
7. 取 1 片步驟 3 煎好的豆餅，鋪上煎好的培根片，然後放上黃瓜片。
8. 鋪上菊苣，擠上經典美乃滋，用另一塊煎好的豆餅覆蓋即可。

材料

豆渣 **150**g／培根 **2** 片／雞蛋 **1** 顆／黃瓜 **50**g／菊苣 **20**g

配料

蔥花、鹽各少許／花生油、經典美乃滋各 **10**g／現磨黑胡椒適量

參考熱量

合計 **448** 大卡　本食譜所用沙拉醬：經典美乃滋 023 頁

TIPS

打豆漿剩下的豆渣營養極其豐富，但是做豆渣餅的時候一定要盡量去除水分，煎出的豆渣餅才容易成形而不易碎裂。

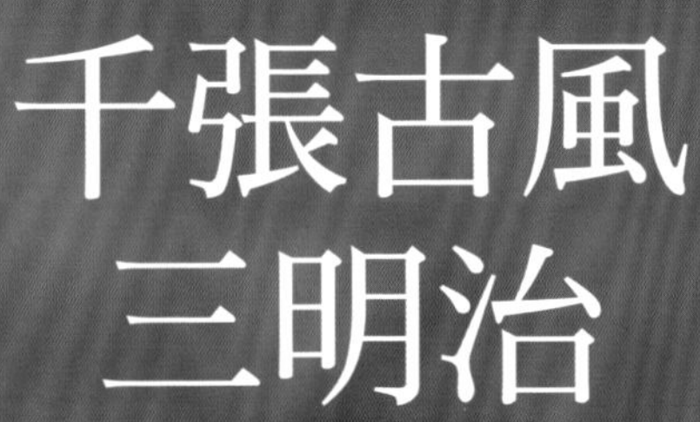

千張古風三明治

洋為中用，視覺與營養並重

40 分鐘　高級

什麼是沙拉？就是各種食材的簡易混合體。對待烹飪，我們不妨大膽一點，洋為中用，為沙拉披上一件中式風情的美麗外衣吧！

材料

千張 **1** 片／雞蛋 **1** 顆／菜豆 **50**g／杏鮑菇 **50**g／無澱粉火腿 **50**g

配料

花生油 **5**g／玉米粉 **1** 小匙／開水 **1** 小匙／鹽少許／韭菜適量／塔塔醬 **20**g

參考熱量

食材	千張 **1** 片	雞蛋 **1** 個	菜豆 **50**g	杏鮑菇 **50**g
熱量	**196** 大卡	**72** 大卡	**16** 大卡	**18** 大卡
食材	無澱粉火腿 **50**g	花生油 **5**g	塔塔醬 **20**g	合計
熱量	**78** 大卡	**44** 大卡	**98** 大卡	**522** 大卡

做法

1. 將千張洗淨，切成 6 塊，放入水中汆燙 1 分鐘，小心地撈出，不要弄破。
2. 雞蛋打入小碗中，加少許鹽打散，加入玉米粉和開水攪拌均勻。
3. 平底不沾鍋燒熱，倒入花生油，將步驟 2 的蛋液倒入，平攤成蛋餅，保持中小火煎至金黃色，用鏟子輔助，小心翻面，將另一面也煎至金黃。
4. 菜豆洗淨去頭尾，切成與千張相同的長度，放入淡鹽水中汆燙 1 分鐘。
5. 杏鮑菇洗淨，切去老化的根部，切成與千張同等長度的細條，放入滾水中煮 3 分鐘後撈出；取幾根韭菜洗淨，放入滾水中汆燙 10 秒鐘即可撈出，瀝乾水分備用。
6. 無澱粉火腿也切成與杏鮑菇一樣的條狀。
7. 將步驟 3 煎好的蛋餅捲起，切成細條。
8. 取 1 片千張，鋪上菜豆、杏鮑菇、火腿條、雞蛋絲，緊緊地捲起，再用燙好的韭菜固定，放入沙拉盤中。全部捲好後點綴塔塔醬即可。

TIPS

無澱粉火腿可用其他肉類替代：一般火腿或是蒸好的廣式臘腸都是不錯的選擇。如果想要全素的古風沙拉卷，也可以選用自己喜愛的蔬菜來替代，但是務必多搭配幾種顏色，好看之餘營養也更全面。

營養說明

千張又稱百葉、豆腐皮，是由黃豆加工製成的豆製品，含有豐富的蛋白質、卵磷脂及多種礦物質，能夠防止血管硬化，預防骨質疏鬆等。

本食譜所用沙拉醬：塔塔醬 025 頁

牧羊人三明治

來自大不列顛的靈感

35 分鐘　高級

來自於牧羊人派的靈感，卻做成沙拉的形式，大化小，繁化簡，烹飪的魅力就在於不斷地探索和創新。

做法

1. 豬肉末加入料理米酒、少許鹽攪拌均勻。
2. 洋蔥洗淨，去皮去根，用切碎機切成碎粒；大蒜用刀背拍鬆後去皮，剁成蒜蓉；番茄洗淨去蒂，切成小塊。
3. 炒鍋燒熱，加入橄欖油，然後放入蒜蓉爆香。
4. 倒入豬肉末大火翻炒 1 分鐘後加洋蔥粒，繼續炒 1 分鐘。
5. 加入番茄粒，撒上綜合香草，倒入紅酒，保持大火，待番茄紅酒汁大致收盡即關火，依個人口味選擇是否再加鹽。
6. 馬鈴薯洗淨，蒸熟或煮熟後去皮，趁熱加入奶油、牛奶和現磨黑胡椒，拌成可塑形的馬鈴薯泥（捏成小團後不變形、不開裂）。
7. 蘿蔓萵苣洗淨，用廚房紙巾吸去多餘水分。
8. 取一半的馬鈴薯泥，放入盤中壓成方形的小餅，中間薄四周厚略成火山口狀，鋪上生菜葉，將步驟 5 的番茄紅酒洋蔥肉醬倒入，再將剩餘的馬鈴薯泥整形成一樣大小的方形小餅，覆蓋在上面，淋上番茄醬，點綴切開的聖女番茄即可。

材料

馬鈴薯 **150**g／豬肉末 **50**g／番茄 **100**g／洋蔥 **50**g

配料

橄欖油 **10**g／奶油 **5**g／牛奶 **20**ml／大蒜 **2** 瓣／鹽少許／料理米酒 **1** 小匙／紅酒 **1** 小匙／綜合香草 **1**g／現磨黑胡椒適量／蘿蔓萵苣 **2** 片／番茄醬 **30**g／聖女番茄 **1** 個

參考熱量

合計 **453** 大卡

TIPS

判斷馬鈴薯是否熟透，只需取 **1** 根筷子，能輕易插入馬鈴薯中即可。製作馬鈴薯泥時，牛奶要一點點地加入，以便調和至最佳狀態。如果沒有紅酒，可用 **1** 小匙白糖來提味。

紫菜包飯三明治巨蛋

將能量與美味集於一蛋

35 分鐘　高級

特色

方便攜帶的飯糰裡，包裹了滿滿的食材，滿足你對味覺和熱量的全部需求。

材料

烤海苔 **2** 大張／米飯 **150**g／雞蛋 **1** 顆／秋葵 **50**g／蘿蔓萵苣 **30**g／明蝦 **50**g

配料

千島醬 **30**g／鹽少許／花生油 **5**g／開水 **2** 小匙

參考熱量

合計 **568** 大卡

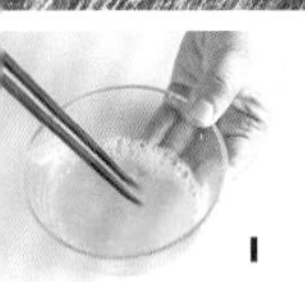

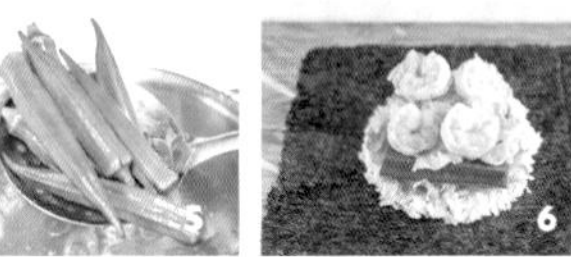

做法

1. 雞蛋打散，加入少許鹽和開水，攪拌均勻。
2. 炒鍋燒熱，加入花生油，倒入雞蛋炒熟。
3. 蝦去頭去殼去泥腸，汆燙 1 分鐘後撈出瀝乾。
4. 蘿蔓萵苣洗淨，用廚房紙巾吸去水分，撕成小塊。
5. 秋葵洗淨，汆燙 1 分鐘後撈出，去頭備用。
6. 將 1 張烤海苔平鋪在保鮮膜上，在中間位置鋪上一半的米飯，攤成圓形；接著平鋪生菜葉（不要超過米飯的範圍），擠上千島醬，依序放上整根秋葵、雞蛋和燙熟的蝦仁。
7. 剩餘的米飯鋪在保鮮膜上，整形成略大一些的圓餅，連同保鮮膜翻過來蓋在沙拉上，輕壓邊緣，注意不要露出沙拉。
8. 將烤海苔向上包起，再取另一張烤海苔，邊緣沾開水，利用保鮮膜將整個飯糰包裹起來，一定要包裹得足夠緊實。包好後從中間切開即可看到漂亮的巨蛋飯糰切面。

TIPS

1. 第一次包飯糰可能會出現捲不緊實或是形狀不好看的情況，沒有關係，多練幾次就熟能生巧。
2. 利用保鮮膜包好的飯糰可以放入冰箱冷藏，冷藏 **2** 小時以後再切，可以讓切面更加整齊。

本食譜所用沙拉醬：千島醬 024 頁

第　四　章

美食速配
果昔茶飲

西部果園果昔

完美詮釋「蔬果汁」

15 分鐘　簡單

特色

番茄既是蔬菜也是水果，其口味偏酸，還帶有一絲甜味，單獨榨汁並不好喝，但是與蘋果搭配在一起卻非常美妙，彷彿置身於果園之中，充滿了香甜的氣息。

材料

番茄 **50**g／蘋果 **50**g／新鮮檸檬切片數片／優酪乳 **200**ml

配料

現摘檸檬香蜂草 **3** 片

參考熱量

合計 **209** 大卡

做法

1. 番茄去蒂，洗淨，切成小塊。
2. 蘋果洗淨，去核，切成小塊。
3. 檸檬切去一端，切成盡可能薄的薄片，選取大小尺寸相近的 3 片。
4. 將番茄、蘋果、優酪乳一起放入攪拌機。
5. 攪打 1 分鐘，成為淡紅色的果昔。
6. 將檸檬片貼在杯壁上，倒入果昔，點綴檸檬香蜂草的葉子即可。

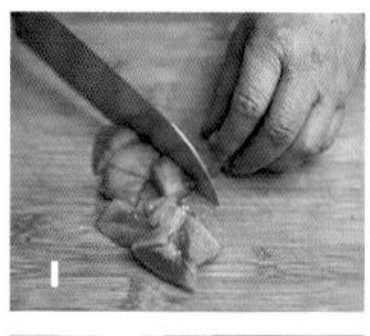
1

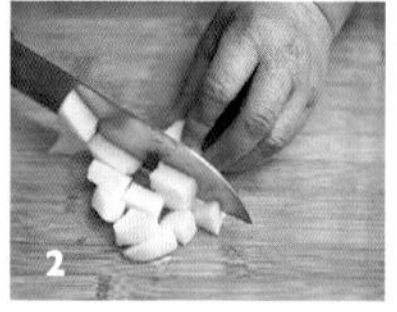
2

3

4

5

6

TIPS

檸檬香蜂草在稍具規模的花市香草區均可見到，如果購買不到，也可用薄荷葉代替。

甜心草莓果昔

把春天一次喝個夠

15 分鐘  簡單

特色

草莓是春天的象徵，當在超市裡看到它的身影時，就意味著春天的腳步近了。短暫的草莓季，一定要多做幾杯草莓甜心來犒勞自己。

材料

草莓 **10** 顆／優酪乳 **200**ml

配料

現摘薄荷葉 **4** 片

參考熱量

合計 **204** 大卡

做法

1. 草莓去蒂，洗淨。
2. 用廚房紙巾吸乾水分。
3. 取 3 顆最漂亮的草莓，縱向切開成 0.2cm 左右的薄片。
4. 僅取最中間兩片面積最大的備用（共 6 片）
5. 將切掉的草莓邊和剩餘的草莓放入攪拌機，加入優酪乳。
6. 攪打 1 分鐘，成為粉紅色的草莓果昔。
7. 將步驟 6 的果昔倒入透明的玻璃杯約 1cm，沿杯壁服貼切好的草莓片。
8. 倒入剩餘的果昔，點綴現摘的薄荷葉即可。

TIPS

1. 草莓片的數量，請根據選擇的杯子來調整。
2. 製作果昔的杯子，請盡量選用透明的玻璃杯，方形、圓形都可以，容量約在 **250** ～ **350**ml。

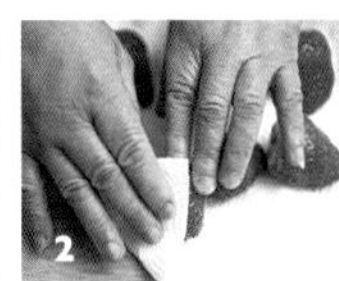

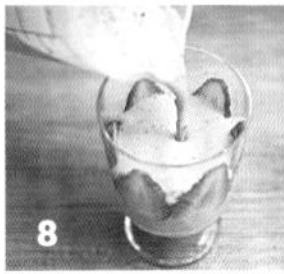

奇異果香蕉果昔

酸甜濃郁，一嚐傾心

15 分鐘　簡單

特色

奇異果多汁而酸爽，綠綠的顏色讓人一掃疲憊，香蕉綿軟而香甜，有著奶油一般的口感。搭配牛奶和巧克力做出的果昔，讓人一見傾心，一嚐鍾情。

材料

奇異果 **1** 個（約 **100**g）／香蕉 **1** 根（約 **100**g）／牛奶 **200**ml

配料

核桃仁半顆／巧克力醬 **5**g

參考熱量

合計 **274** 大卡

TIPS

奇異果不宜選用過硬或過軟的果實，過硬的酸度太高口感差，也難以去皮。過軟的不易切成圓片。用手稍微用力可以按下，留下淺淺印痕者，熟度剛剛好。

做法

1. 奇異果切去兩端，用湯匙貼著果皮挖出果肉。
2. 在奇異果的中段切三四片厚度約 0.2cm 的圓片，服貼在杯壁上。
3. 將剩餘的奇異果切成小塊。
4. 香蕉去皮切 1 片厚約 0.2cm 的圓片，其餘切小塊。
5. 將奇異果、香蕉、牛奶一起放入攪拌機。
6. 攪打 1 分鐘，成為淡綠色的果昔。
7. 將打好的果昔倒入貼好奇異果片的杯子裡。
8. 在最上端放上香蕉圓片，點綴核桃仁，淋上巧克力醬即可。

紫色迷情果昔

色彩魅惑，口感神祕

25 分鐘　中等

特色

紫色被賦予神祕而魅惑的定義，綿密的紫薯和清爽酸甜的藍莓搭配在一起，既能呈現美麗的色澤，又兼具健康的元素。

材料

紫薯 **50**g／牛奶 **100**ml／藍莓 **50**g／優酪乳 **100**ml

配料

現摘薄荷葉 **4** 片

參考熱量

合計 **232** 大卡

做法

1. 中等大小的紫薯洗淨，包裹廚房紙巾，將紙巾打濕。
2. 放入微波爐，大火加熱 5 ～ 7 分鐘，至筷子可以輕易插透即可。
3. 取出紫薯剝開紙巾，用筷子把紫薯從中間搗開散熱。
4. 將紫薯、牛奶一起放入攪拌機，攪打 1 分鐘，成紫薯奶昔。
5. 將紫薯奶昔倒入玻璃杯。
6. 藍莓洗淨，用廚房紙巾吸去多餘水分。
7. 留出幾顆最漂亮的藍莓，將剩餘的藍莓和優酪乳放入攪拌機，攪打 1 分鐘，成藍莓果昔。
8. 用湯匙抵住杯壁做緩衝，將藍莓果昔緩緩倒入杯子中，形成深淺不一的紫色果昔分層，在頂端點綴藍莓和現摘薄荷葉即可。

—— TIPS ——

這款果昔杯壁沒有點綴，如果喜歡，也可以選用香蕉片、草莓片等與紫色搭配比較和諧的果肉來點綴。

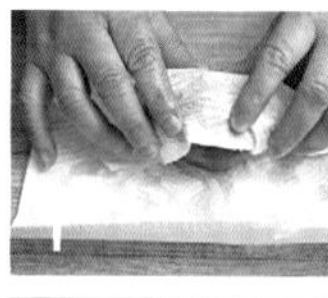
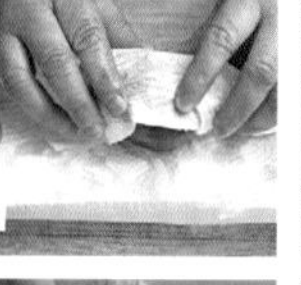
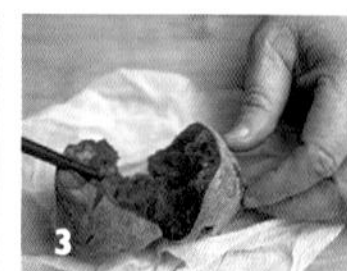
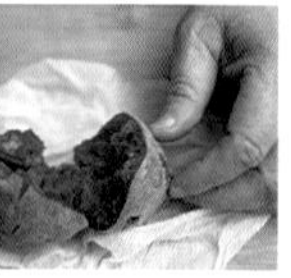

桃樂多果昔

不容錯過的蜜桃季

 15 分鐘  簡單

特色

水蜜桃的季節非常短暫，所以當季時一定不可錯過。配上酸香的西柚，和甜滋滋的養樂多，健康又甜蜜。

材料

水蜜桃 **50**g／紅心蜜柚 **50**g／優酪乳 **100**ml／養樂多 **100**ml

配料

杏仁片適量

參考熱量

合計 **204** 大卡

做法

1. 水蜜桃洗淨，對半切開，去核。
2. 將水蜜桃切幾片半圓形的薄片，剩下的切成小塊。
3. 紅心蜜柚去皮，剝去瓣膜，去籽，取果肉備用。
4. 將水蜜桃塊、紅心蜜柚（留下幾小塊做點綴用）、優酪乳、養樂多一起放入攪拌機。
5. 攪打 1 分鐘，成為淡粉色的果昔。
6. 將水蜜桃片貼在杯壁上，倒入打好的果昔，點綴西柚果肉，撒上杏仁片即可。

—— TIPS ——

水蜜桃以台灣拉拉山產區最為馳名。如果沒有當季的水蜜桃，也可以選用其他品種的桃子。

夏日香芒果昔

盛夏吹過芒果香

15 分鐘　中等

特色

香氣馥郁的芒果，充滿夏日氣息的西瓜，搭配在一起，呈現出漂亮的橙紅色，讓人光看就胃口大開，最適合在炎熱的夏季飲用，解渴又開胃。

材料

芒果 **50**g／西瓜 **100**g／優酪乳 **100**ml／優格 **100**ml

配料

現摘檸檬香蜂草 **3** 片

參考熱量

合計 **225** 大卡

TIPS

將西瓜三角放在分層的交界處，會使整杯果昔顯得格外活潑。

做法

1. 西瓜取果肉，去除西瓜籽，切幾片厚度約 0.2cm 的三角形小塊，貼在杯壁上。
2. 芒果洗淨，沿中間緊貼果核剖開。
3. 將切下的芒果緊貼攪拌機的杯壁，借助杯壁將果肉刮出。
4. 加入優酪乳，攪拌成芒果果昔，倒入玻璃杯中。
5. 將剩餘的西瓜和優格一起放入攪拌機攪打 1 分鐘，成西瓜果昔。
6. 用湯匙抵住杯壁做緩衝，將西瓜果昔緩緩倒入杯子中，形成分層，點綴現摘的檸檬香蜂草葉即可。

踏雪尋梅果昔

雙色火龍果的唯美分層

15分鐘 簡單

特色

雙色的火龍果，雖然口感相同，卻呈現出不同的色澤。交錯搭配，猶如雪後梅園，雅致而清新。

材料

紅肉火龍果 **50**g／白肉火龍果 **50**g／優酪乳 **200**ml

配料

椰蓉 **2**g

參考熱量

合計 **246** 大卡

做法

1. 火龍果洗淨，從中間切開，用湯匙取出果肉。
2. 分別切成小塊，放於兩個小碗中備用。
3. 先將白肉火龍果和 100ml 優酪乳倒入攪拌機，攪打 1 分鐘後，倒入玻璃杯。
4. 再將紅肉火龍果和剩餘的優酪乳倒入攪拌機，攪打 1 分鐘。
5. 用湯匙抵住杯壁做緩衝，將步驟 4 的紅肉火龍果果昔緩緩倒入杯子中，形成分層。
6. 在表面撒一些椰蓉點綴即可。

TIPS

製作雙色果昔時，通常先製作顏色較淺的部分，再製作顏色較深的部分，這樣製作出的果昔顏色才會更加乾淨分明。

百香青檸雪梨果昔

誘人果香，喝出好氣色

15 分鐘　簡單

特色

百香果的香氣特別濃郁，搭配多汁香甜的雪梨，光是聞一下就能提神開胃。點綴漂亮的冷凍乾燥無花果，漂亮的果昔帶給你由內而外的好氣色。

材料

百香果 **1** 個（可食部分約 **50**g）／雪梨 **100**g／優酪乳 **200**ml／青檸檬切片適量

配料

冷凍乾燥無花果 **5**g

參考熱量

合計 **287** 大卡

做法

1. 青檸檬洗淨，選用中間的部分，切三四片厚度約 0.2cm 的檸檬片。
2. 將切好的青檸片貼在杯壁上。
3. 雪梨洗淨，去皮去核，切成小塊，放入果汁機。
4. 加入一半的優酪乳，打勻後倒入杯中。
5. 百香果洗淨，取出果肉。
6. 放入果汁機，加入剩餘的優酪乳，攪打均勻。
7. 用湯匙抵住杯壁做緩衝，將百香果果昔倒入杯子中，就能呈現兩種顏色分界分明的果昔。
8. 點綴冷凍乾燥無花果即可。

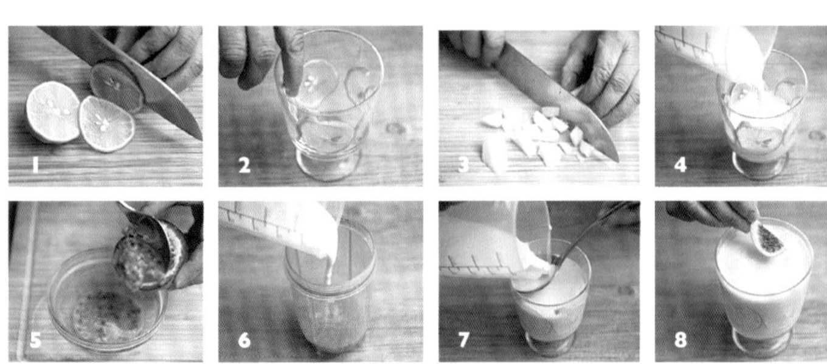

TIPS

也可以留幾粒切好的雪梨果肉放在表面，代替無花果。

蘋果
巧克力果昔

水 果 與 糖 果 的 巧 妙 融 合

20 分鐘　中等

特色 蘋果和巧克力的搭配，將果香和可可香融合得天衣無縫。這樣一杯誘人的果昔，熱量稍高又何妨？

1

2

3

4

5

6

7

8

做法

1. 將巧克力去除包裝，掰成小塊，放入金屬材質的長柄小鍋中。
2. 燒一小鍋水，水溫保持 40℃左右。
3. 將裝有巧克力的長柄鍋架在小鍋上，使水接觸至長柄鍋底的中間部位。
4. 用筷子或小刮刀攪拌巧克力，使之融化。
5. 用手指沾取融化的巧克力，在玻璃杯壁上畫出螺旋狀的花紋，將杯子置入冰箱，剩下的巧克力保溫備用。
6. 蘋果洗淨，去核，切成小塊。
7. 將蘋果塊、剩餘的熱巧克力醬與優酪乳一起放入攪拌機打成果昔。
8. 將打好的果昔倒入玻璃杯中，撒上少許的肉桂粉即可。

材料

蘋果 **100**g／優酪乳 **200**ml／牛奶巧克力 **30**g

配料

肉桂粉少許

參考熱量

食材	蘋果 **100**g	優酪乳 **200**ml	牛奶巧克力 **30**g	合計
熱量	**54** 大卡	**172** 大卡	**164** 大卡	**390** 大卡

TIPS

1 巧克力隔水融化的溫度一定不能過高，不然會造成可可脂分離析出，嚴重影響口感。

2 巧克力的種類可以根據個人口味選擇，牛奶巧克力或黑巧克力都可以。請盡量購買「純可可脂」成分的巧克力，而不是人造的「代可可脂」，雖然純可可脂價格略高，但是吃起來比較健康。

營養說明

巧克力所包含的抗氧化成分與紅酒類似，有利於預防心血管疾病，其中的可可鹼、苯乙基和咖啡因等，可以舒緩神經，增強大腦活力，具有很好的鎮靜作用。

奶油森林果昔

帶你走進甜美的水果森林

15 分鐘 簡單

特色

酪梨本身就被稱為森林奶油，再搭配上極富奶油口感的香蕉，淡綠的色澤讓人彷彿進入甜美的水果森林，身心都感到舒適與愜意。

材料

香蕉 **1** 根（約 **100**g）／酪梨半個（約 **80**g）／牛奶 **200**ml

配料

腰果數顆（約 **5**g）

參考熱量

食材	香蕉 **100**g	酪梨 **80**g	牛奶 **200**ml	腰果 **5**g	合計
熱量	**93** 大卡	**64** 大卡	**198** 大卡	**28** 大卡	**383** 大卡

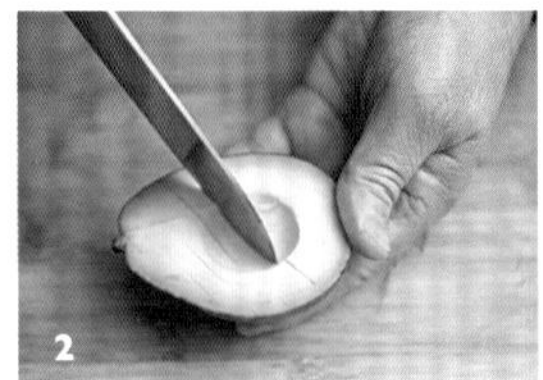

2

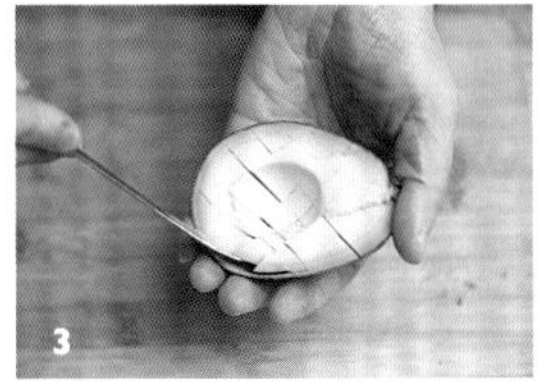

3

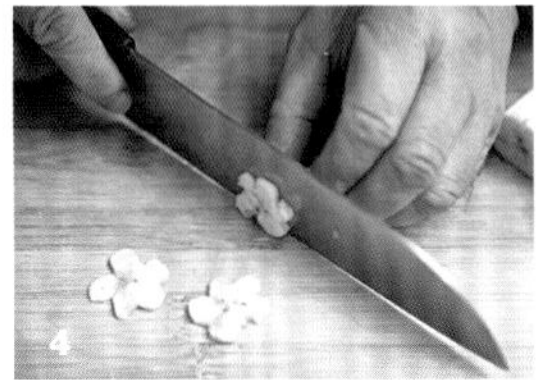

4

5

6

7

8

做法

1. 酪梨從中間剖開，去除果核，取一半使用，另外一半放入密封盒內冷藏保存。
2. 用小刀在果肉上劃出格狀紋路，盡量不要劃破果皮。
3. 用湯匙緊貼果皮取出果肉，直接放入攪拌機。
4. 香蕉剝皮，切取 6 片厚度約 0.2cm 的香蕉片，用蔬菜切模切成花朵狀或心形。
5. 將切好的香蕉片貼在玻璃杯壁上。
6. 將剩餘的香蕉放入攪拌機，並加入牛奶。
7. 攪拌 1 分鐘，成淡綠色的香蕉酪梨果昔。
8. 將果昔倒入杯中，在表面點綴幾顆腰果即可。

TIPS

1. 製作這款果昔時，由於香蕉需要切花，所以要挑選個頭比較大的香蕉，才能切出完整的花朵。
2. 先處理酪梨，是因為香蕉氧化極快，所以在切好之後的製作一定要非常迅速，儘快將果昔倒入杯中，才能保證貼在杯壁上的香蕉片保持潔白的顏色。

營養說明

香蕉原產於亞洲東南部，富含碳水化合物、維生素、蛋白質和多種礦物質，其中鉀元素的含量尤為豐富，對高血壓有輔助食療作用，還可緩解便祕，舒緩情緒，減輕疲累感。

低脂奶茶

好喝不長肉的健康選擇

5 分鐘　簡單

特色

閒暇時在家自製一杯香醇奶茶吧！選用自己喜愛的紅茶包以及健康的脫脂奶粉，不僅好喝，而且對身體沒有負擔，還能補充營養。

材料

紅茶包 **3** 包／純水 **350**ml
脫脂奶粉 **20**g

配料

方糖 **1** ～ **2** 塊

參考熱量

合計 **93** 大卡

做法

1. 將紅茶包拆封，放入茶杯。
2. 純水燒開至 85℃，沖入茶杯中。
3. 上下提動茶包，使紅茶析出，浸泡兩三分鐘即可。
4. 在另一個杯子中加入脫脂奶粉。
5. 將沖泡好的紅茶緩緩倒入，同時用長匙將奶粉和茶攪拌均勻。
6. 依個人口味加入適量方糖，攪拌融化即可。

1

2

3

4

5

6

TIPS

1. 製作奶茶時，為使得奶茶味道更加濃郁突出，所以要放 **3** 包茶包，而不是平時單獨沖飲時的 **1** 包。
2. 如果對熱量沒有太苛刻的要求，可以改用一般的全脂牛奶，奶味會更加突出。
3. 也可以在沖泡紅茶時放上一兩朵玫瑰花，就是賞心悅目的玫瑰奶茶了。

牛奶＋綠茶，充滿日式風情的小清新搭配，近年來大受歡迎，其實製作起來相當簡單呢！

材料

純水 **350**ml ／脫脂奶粉 **20**g ／抹茶粉 **5**g

配料

方糖 **1** ～ **2** 塊

參考熱量

合計 **105** 大卡

TIPS

1. 抹茶粉的品質對奶綠的口感至關重要，以日產「小山園」系列的抹茶粉為最佳。如果購買不到，也盡量選用大品牌的天然抹茶粉，喝起來才健康。
2. 沖泡茶葉的水一定選用純水而不是礦泉水，後者的礦物質會與茶水中的各種成分形成一連串的化學反應，直接影響到茶湯的口感和色澤。

做法

1. 在玻璃杯中加入脫脂奶粉和抹茶粉。
2. 純水加熱至 85℃，緩緩沖入茶杯中。
3. 不要一次全部將水沖入，先倒進大約 1/4 杯，攪拌至抹茶粉和奶粉大致融合後再緩緩加入剩餘的水。
4. 依個人口味加入適量方糖，攪拌均勻即可。

柚子蜜水果紅茶

秋 冬 最 佳 茶 飲

20 分鐘　中等

特色

寒冷的冬天，沏一壺濃情蜜意的水果紅茶，邀三五知己圍爐小聚，頗有「晚來天欲雪，能飲一杯無」的情調。

材料

紅茶 **15**g／純水 **800**ml／蜂蜜柚子醬 **30**g／蘋果半個／柳橙半個

參考熱量

食材	紅茶	純水	蜂蜜柚子醬 **30**g
熱量	**0** 大卡	**0** 大卡	**78** 大卡
食材	蘋果半個（**60**g）	柳橙半個（**60**g）	合計
熱量	**32** 大卡	**29** 大卡	**139** 大卡

TIPS

若選用的是紅茶包而不是散裝紅茶葉，需要大約 **3** 包分量，且無需洗茶。

如果選用的是壓縮磚狀紅茶，需要再重複一遍洗茶步驟，即洗兩次茶。茶味變淡後，只需換掉濾網內的紅茶，重複步驟 **1**、**2**、**6** 即可繼續飲用。

做法

1. 將紅茶放入花茶壺的濾網內，純水加熱至 85℃。

2. 倒入約 150ml 燒開的純水，倒掉，此步驟為洗茶。

3. 蘋果洗淨，去皮，去核，切成小塊。

4. 柳橙切成 8 瓣，剝皮，切成小塊。

5. 將蘋果塊和柳橙塊放入花茶壺中。

6. 將裝有紅茶的濾網放回到花茶壺，並在濾網內加入蜂蜜柚子醬。

7. 水再次加熱至 85℃，倒入花茶壺。

8. 在花茶壺底部點上蠟燭，將壺放在壺架上，2 分鐘後即可飲用。

營養說明

蜂蜜柚子醬能夠理氣化痰、潤肺清腸、補血健脾，是順氣解膩、清火美容的佳品。

百香青檸蘋果飲

酸爽香甜，四季皆宜

20分鐘　中等

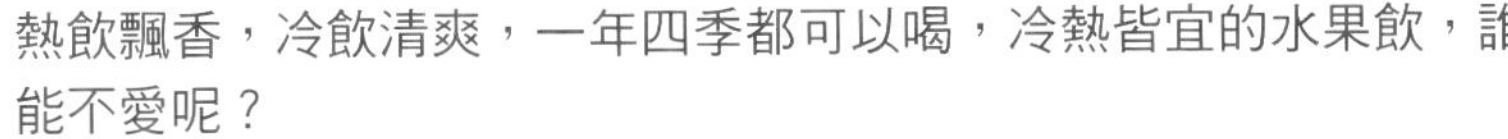

特色 熱飲飄香，冷飲清爽，一年四季都可以喝，冷熱皆宜的水果飲，誰能不愛呢？

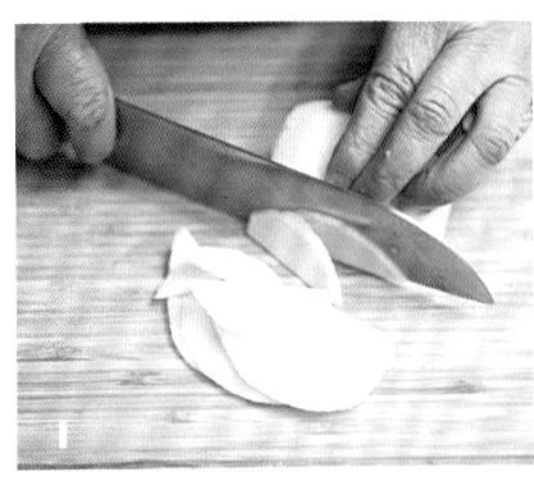

材料

百香果 **1** 個／青檸檬半個／蘋果半個／純水 **600**ml

配料

方糖 **1** ～ **2** 塊

參考熱量

食材	百香果 **1** 個（可食部分約 **40**g）	青檸檬半個（約 **25**g）	蘋果半個（約 **60**g）
熱量	**39** 大卡	**10** 大卡	**32** 大卡
食材	純水	合計	
熱量	**0** 大卡	**81** 大卡	

做法

1. 蘋果洗淨，去皮去核，切成半圓形的薄片。
2. 青檸檬洗淨，切成薄片。
3. 百香果洗淨，切開，將果肉挖出，倒入杯中。
4. 把切好的蘋果片和檸檬片放入杯中。
5. 加入適量方糖，沖入煮滾的開水。
6. 用長匙或筷子攪拌均勻，約 5 分鐘後即可飲用。

TIPS

在夏天，置於室溫冷卻後放入冰箱冷藏 **2** 小時即成為冷飲。也可提前一晚做好以備第二天飲用。

營養說明

青檸檬並不是未成熟的檸檬，而是檸檬中的一種，含有豐富的維生素 C，能夠止咳化痰、生津健脾，經常食用可預防癌症、降低膽固醇、增強免疫力。

香桃茉莉

水果遇上花茶，溫馨而甜蜜

15 分鐘　簡單

特色

桃子的果香，茉莉的花香，綠茶的清香，融匯交錯，帶給舌尖和鼻息最溫柔甜美的享受。

材料

蜜桃 **1** 個／茉莉花茶 **15**g ／純水 **800**ml

配料

方糖 **1** ～ **2** 塊

參考熱量

合計 **108** 大卡

做法

1. 桃子洗淨，對半切開。
2. 去除桃核，然後切成半圓形的薄片。
3. 將純水燒至 85℃，取 150ml 沖入茉莉花茶中，瀝去水分，倒掉，此步驟為洗茶。
4. 再次向茉莉花茶中倒入 85℃的水，浸泡 3 分鐘左右，濾去茶葉丟棄，僅留茶水。
5. 在泡好的茉莉茶水中加入蜜桃片。
6. 放入適量方糖，攪拌均勻即可。

TIPS

1. 也可以選購茉莉花茶包來製作，用量為 **2** 包。
2. 散裝的茉莉花茶購買時需要注意，應選用傳統工藝製作、經茉莉花瓣窨製的茶，此類茶價格往往不會特別便宜。價格過於低廉的茉莉花茶一般為香精調製，不利健康，且茶香、花香不自然也不持久。

特色

濃郁芬芳的玫瑰花蕾，清冽提神的白茶，搭配得恰到好處。一溫一涼，即能斂火，又能溫補養顏，是一款非常適合女性養生的茶飲。

玫瑰白茶

淡淡花香陣陣茶香

10 分鐘　簡單

材料

乾玫瑰花蕾 **6** 顆／白茶 **10**g／純水 **800**ml

配料

蜂蜜 **5**g

參考熱量

合計 **16** 大卡

做法

1. 將純水煮滾，白茶放入濾杯內層，玫瑰花蕾放入濾杯外層。
2. 倒入 150ml 的滾水後瀝除，此步驟為洗茶。
3. 倒入剩下的滾水，浸泡 10 秒後將茶水濾出。
4. 重複此步驟，每次浸泡時間順延 5 秒。
5. 所有純水沖泡完畢，靜置約 3 分鐘，使玫瑰花蕾的味道進一步融於茶水即可。
6. 如需添加蜂蜜，請等到茶水溫度約 60℃（入口不燙）再添加，以免破壞蜂蜜的營養成分。

TIPS

白茶分為茶餅和散茶兩種，如果使用的是茶餅，則需要多備 **150**ml 的純水，重複一遍洗茶步驟，以確保茶湯清澈乾淨。白茶年份越久，去火的效果越好，以十年以上的老白茶效果最佳。

青檸蜂蜜綠茶

夏天的清爽氣息

15分鐘　簡單

特色　青檸檬酸爽清新，綠茶清涼去火，搭配甘甜的蜂蜜，春夏時節飲用，最為適宜。

材料

青檸檬 **1** 個／綠茶 **20**g／純水 **1**L／蜂蜜 **30**g

配料

現摘檸檬香蜂草或薄荷葉適量

TIPS

1. 超過 **60**℃的熱水會破壞蜂蜜的營養成分，因此不能在水溫過高時添加。
2. 製作這款茶飲的綠茶種類豐富，例如日照綠、竹葉青、毛尖、碧螺春等，可以依據自己喜好的口味來選擇。
3. 如果選用綠茶茶包來製作，可省去洗茶步驟，直接將茶包與檸檬片放入晾水杯，沖入熱水即可。用量為 **4** 包。

做法

1. 青檸檬洗淨，切成薄片。
2. 純水燒至 80℃，將綠茶置於濾杯內。
3. 倒入 150ml 的熱水，瀝去茶汁倒掉，此步驟為洗茶。
4. 將剩餘的熱水倒入濾杯，浸泡 8 秒後按下開關，分離茶水。
5. 重複此步驟，每次浸泡時間順延 5 秒。
6. 將青檸檬片放入玻璃杯，倒入綠茶茶水，放至可以入口不燙的溫度，加入蜂蜜攪拌均勻。
7. 加入幾片檸檬香蜂草或薄荷葉。
8. 涼至室溫後放入冰箱，24 小時內飲用完畢。

參考熱量

合計 **116** 大卡

桂花普洱茶

金秋香桂，陳年普洱，養胃好茶

10 分鐘 簡單

特色

桂花香氣怡人，暖胃健脾，祛寒補虛；普洱茶甘醇厚重，解油膩，滋陰養顏。這款茶飲最適合秋冬季節飲用。

材料

桂花 **5**g／熟普洱 **10**g／純淨水 **800**ml

配料

冰糖 **5**g

參考熱量

合計 **20** 大卡

TIPS

1. 先洗一遍茶，再放入桂花清洗，是因為普洱茶製作工藝複雜，需要清洗兩次才能洗去雜質，而桂花只需要清洗一遍沖去浮塵即可。
2. 這款茶也可以選用花茶壺來製作，普洱是一款非常耐泡耐煮的茶，經過反覆滾煮之後味道會愈發醇厚。

做法

1. 純水煮滾，將普洱茶置於濾杯內。
2. 倒入 150ml 的熱水，瀝去茶汁倒掉，此步驟為洗茶。
3. 將桂花撒在洗好的普洱茶上，再倒入 150ml 水，同樣瀝去茶汁倒掉。
4. 將冰糖放入濾杯內洗好的茶上，用剩餘的熱水倒入飄逸杯，浸泡 8 秒後按下開關，分離茶水。
5. 重複此步驟，每次浸泡時間順延 5 秒。
6. 所有熱水沖泡完畢，即成為桂花普洱茶。

草莓洛神花茶

春　風　拂　面　好　氣　色

15 分鐘　簡單

特色

洛神花形狀奇特，湯色豔麗，口感酸甜，搭配草莓的果香，最適合春天飲用。輕啜一口，滿是春風拂面的溫柔感受。

材料

草莓 **100**g／洛神花 **3** 朵／純水 **800**ml

配料

冰糖 **5**g

做法

1. 純水煮滾，洛神花略微揉碎，放入花茶壺的濾網內。
2. 取 150ml 沖入洛神花中，捨去茶湯，此步驟為洗茶。
3. 草莓去蒂，洗淨。
4. 將洗好的草莓切成薄片，放入花茶壺外層。
5. 在花茶壺內層濾網內加入冰糖，倒入滾水。
6. 浸泡 3 分鐘左右，待湯色變紅即可飲用，

參考熱量

食材	草莓 **100**g	洛神花 **3** 朵	純水	冰糖 **5**g	合計
熱量	**32** 大卡	**0** 大卡	**0** 大卡	**20** 大卡	**52** 大卡

TIPS

這款茶既適合在茶壺下方點個小蠟燭，邊加熱邊飲用，也適合放涼至室溫，置於冰箱冷藏後作為冷飲。

營養說明

洛神花含有檸檬酸、維生素 C、接骨木三糖苷等營養成分，能平衡血脂，解毒利水，促進消化和鈣的吸收，還能抗氧化、美容養顏、解酒消怠。

檸檬冰紅茶

自 製 飲 品 ， 健 康 實 惠

10分鐘　簡單

特色

檸檬果香四溢，紅茶醇厚迷人，在家自製的檸檬紅茶，不僅健康實惠，味道也更加甜美。

做法

1. 檸檬洗淨，切成薄片。
2. 純水燒至 85℃，將紅茶置於濾杯內。
3. 倒入 150ml 的熱水，瀝去茶汁倒掉，此步驟為洗茶。
4. 將冰糖放入濾杯內洗好的紅茶上，用剩餘的熱水倒入濾杯，浸泡 8 秒後分離茶水。

5. 重複此步驟，每次浸泡時間順延 5 秒。
6. 將檸檬片放入杯中，倒入沖好的冰糖紅茶，放至室溫後放入冰箱冷藏，24 小時內飲用完畢。

材料

檸檬 **1** 個／紅茶 **20**g ／純水 **1**L

配料

冰糖 **10**g

參考熱量

食材	檸檬 1顆（約 50g）	紅茶	純水	冰糖 10g	合計
熱量	**20** 大卡	**0** 大卡	**0** 大卡	**40** 大卡	**60** 大卡

TIPS

1. 如果使用紅茶包，可省略洗茶泡茶的步驟，直接將茶包與檸檬片、冰糖一起放入杯中，沖入 **85**℃熱水，浸泡 **3** 分鐘後取出茶包丟棄即可。茶包用量為 **4** 包。
2. 這款茶也可以趁熱飲用，熱飲酸味較為明顯，可以適量多放一點冰糖，冷飲甜味較突出。

營養說明

紅茶富含茶多酚、胺基酸、果膠、咖啡鹼等成分，能夠提神消疲、生津清熱、消炎殺菌、利尿解毒、美容養顏、養脾護胃、抗衰老。

增肌享瘦，
一盤就飽！